纺织服装"十三五"部委级规划教材

现代童装设计

陈璞 郭卉 甄靖怡 编著

U0377686

东华大学出版社·上海

图书在版编目（CIP）数据

现代童装设计 / 陈璞, 郭卉, 甄靖怡 编著. -- 上海：东华大学
出版社, 2021.1

　　ISBN 978-7-5669-1841-3

　　Ⅰ.①现… Ⅱ.①陈… Ⅲ.①童服 - 服装设计 Ⅳ.①TS941.716

中国版本图书馆CIP数据核字(2020)第252592号

责任编辑　谢　未

装帧设计　赵　燕

现代童装设计

编　著：陈璞　郭卉　甄靖怡

出　版：东华大学出版社

（上海市延安西路1882号　邮政编码：200051）

出版社网址：dhupress.dhu.edu.cn

天猫旗舰店：http://dhdx.tmall.com

营销中心：021-62193056　62373056　62379558

印　刷：上海颛辉印刷厂有限公司

开　本：889mm×1194mm　1/16

印　张：10

字　数：352千字

版　次：2021年1月第1版

印　次：2024年1月第2次印刷

书　号：ISBN 978-7-5669-1841-3

定　价：69.00元

目　录

第一章 现代童装概述

　　童装是针对从婴儿时期至成年前穿用服装的总称。虽然地域不同、时间更迭，但人类自古就有着装的意识和需求。"现代童装"的概念公认为产生于18世纪末的欧洲，在我国，"现代童装"最早也是从西方传入的，而针对儿童服装的设计意识则在19世纪80年代逐渐发展。

　　设计概念是指把一种设想通过合理的规划、周密的计划，通过各种感觉形式传达出来的过程。现代童装设计是指以0~16岁儿童为对象，以满足儿童多方面、多阶段需求为目的，针对其服装造型、款式、材质、色彩、装饰手法、整体风格等设计要素进行合理化安排和组合的活动。设计不同于艺术，除了需要满足审美认同外，还需要其商业价值。现代童装设计主体是现代儿童，客体则包括童装、童鞋、服饰配件及儿童服饰周边产品。对于现代童装设计的学习，除了掌握童装设计主体和客体所包含的相关内容外，还需对童装产业的发展过程、行业现状、设计趋势等知识有一个较为系统的了解。此外，现代儿童生活场景和样式的丰富和细分，对童装设计师提出了更高的要求，他们不光要有扎实的专业知识和独到的审美见解，更需要有敏锐的观察力和代入式的设计思维，从儿童和家长的角度出发，设计出能够陪伴美好童年的服饰产品，使设计主体获得舒适的体验感和美的享受。

《仓箱可期》（作者：游秀敏）

第一节 童装设计的概念及发展简史

一、童装的概念

    童装是儿童服装的总称。而对于儿童的概念，世界上不同人种、不同国家持有不统一的界定标准，国际《儿童权利公约》界定的儿童是指18岁以下的任何人。从国内绝大多数童装企业的认定标准来看，童装界定为适用0～16周岁儿童的服装及服饰品，并将儿童的成长周期按照年龄阶段分为婴儿期（0～1周岁）、幼儿期（1～3周岁）、学龄前期（4～6周岁）、学龄期（6～12周岁）和少年期（12～16周岁）。童装需要满足儿童不同年龄阶段、不同生活场景、不同功能作用的需求。在我国，童装自古以来承载着父母对于儿女们深深的爱，它除了具有实用价值和审美价值之外，还包含着丰富的象征性和文化内涵。在服装由家庭内部自我供给，服装销售市场并未形成的时代，童装的文化内涵与象征意义远远高于现代。现代社会生活节奏加快，市场需求和物质资源不断增长和丰富，对于儿童服装的要求从单纯的赋予其美好期望，转变为实实在在的健康指标和功能需求，以及个性化的设计需求和着装效果。随着社会进步和科学技术的不断完善，童装产业在推进的同时，对童装产品设计与品质也提出了要求和挑战（图1-1、图1-2）。

图1-1 强调服装视觉效果的设计
（作者：邱子萱）

二、现代童装发展简史

    关于现代童装的起源，公认为是在18世纪末，在此之前，儿童一直穿着小版的成人服装，此时的儿童服装除了尺寸的缩小外，针对儿童这一着装主体的人性化设计还十分有限。

1. 西方童装发展简史

    在西方历史上，长久以来，儿童时期一直被认为只有7年，过了7岁，就要像大人一样开始工作生活了。甚至在18世纪末前，因为生产的危险性和低龄人口存活率低下等问题，人们不认为生育孩子是令人高兴的事情，儿童一直

图1-2 强调童装舒适性安全的设计
（作者：林月梅）

穿着缩小版的成人服装，极少有人关注儿童的身心需要和发展。17～18世纪夸张造型的巴洛克和洛可可风格成人服装应用到儿童身上，给他们造成了许多负担和束缚（图1-3）。于是，当时的许多哲学家和教育家对此提出了反对，其中启蒙思想家卢梭在其教育名著《爱弥尔》中提出"在发育中的身体各部分，所穿的衣服应当宽大，绝不能让衣服妨碍它们的活动和成长，衣服不能太小，不能穿得紧贴身子或捆什么带子。"法国式的衣服，成年人穿上已经是挺不舒服和不卫生了，所以给孩子穿就特别不适合。18世纪末由于各界关注儿童着装健康的先驱推动，孩子们的衣服变得不那么正式和紧束身体了，衣服的活动量增加，随着工业生产的发展，轻、软、可洗的棉质品越来越多地使用在童装上。在18世纪末到19世纪初，出现了真正专属于儿童的服装款式，其中代表性款式有男童的"连裤衣"（英文为"skeletion suit"，字面意思为"骨骼衣"）（图1-4）和女童高腰无胸衣连衣裙等。

    19世纪欧洲受到工业革命的影响产生了一个新兴的中产阶层，他们不仅通过武装自己在上流社会占据一席之地，

而且通过儿童衣着炫耀财富，展示社会地位。所以这一时期儿童服装在装饰上更加夸张，但在舒适程度上有所倒退，这段时间内童装多以手工制作为主，童装通常较宽松，以适应儿童身体的发育。受到工业革命的影响，部分生产厂家开始生产和出售童装，但款式还是十分有限且单一。

20世纪初期，有设计师开始专门进行童装领域的开发。直到第一次世界大战之后，童装开始进行商业生产和销售。生产厂家开始将童装的尺码标准化，且随着社会发展和生活的需要，童装的尺码不断细化，这是童装产业化发展的重要一步。20世纪40年代，电影和录音机开始走进人们的生活，许多家长开始模仿电影中的明星来装扮自己的孩子，特别是青少年们勇于尝试新鲜事物，对于自己的形象审美意识强烈，把自己打扮得像自己崇拜的明星。50年代，电视在西方的普及化引起了童装产业的巨大变革，孩子们喜欢看电视也喜欢看广告，适合不同年龄的电视节目可以帮助每个年龄段的观众了解流行的服装款式。另外，许多至今都很有号召力的迪士尼影视形象都产生在那个"黄金时代"。

如今，就设计而言，为了适应生活场景和样式的多样化，童装设计更加丰富和专业化，就产业而言，高科技高水准的设备和工具、自动化的生产流程、全球化的市场环境都为童装行业的发展提供了强有力的支持和无限的潜力。同时，消费者对于童装产品的要求也不再只是停留在其基础的功能和审美层面。童装中科技感的融入和机能性的体现也被越来越多的消费者所需要。

2. 我国童装发展简史

在我国封建统治时期童装的状况与西方情况相似，大部分儿童服装的款式也是成人衣服的缩小版，但在装饰手法上则有许多儿童服装特有的细节，比如兽首图案装饰、百家布等，都是典型的传统童装装饰元素。其原因主要有两个层面，从客观来说，我国服装款式基本都是平面形态的，这种结构有助于图案的表现和装饰；从主观上分析，中国古代服装多由家庭内部自我供给，家中长辈在制作服装时将对儿童的期许和祝愿融入服装中，比如将虎头作为装饰表现在男童服饰中代表孩童将来虎头虎脑、身体强健（图1-5），将花卉图案表现在女童服饰上期望其如花似玉、典雅端庄（图1-6）。这也正体现了童装的象征性意义。

民国初年，西方服装对我国传统服装产生了巨大的影响，出现了以废除传统服饰为中心内容的服装改革。在这样一个历史变革的阶段，服装呈现出了一种兼容并蓄的样貌。男子服装从长袍马褂向西装逐步过渡，中山装就是此时诞生并普及的。女子服饰变得日益丰富多彩，东西方服装元素互相融合。童装也受到西方服饰的影响，将东西方文化融汇贯通，既有传统长袍、袄裤，也有洋式制服、短裤或裙子（图1-7、图1-8）。

改革开放初期，因国民需求和对外贸易的发展和带动，我国生产制造业逐渐迎来了真正的春天，童装产品多由相关国有企业、各地区的棉纺厂进行设计和生产。当时的童装具有款式单一有限、产量空前高涨、童装产品供不应求等时代特点，这一阶段的童装设计主要参考来自日本的一些童装出版物和样式。

图1-3 17—18世纪夸张造型的儿童服装

图1-4 18世纪末男童的连裤衣

图1-5 绣老虎图案的儿童坎肩

图1-6 玫红缎彩绣花卉纹女童夹褂

图1-7 身着西洋服装的民国儿童

图1-8 清末民初身着中式长袍坎肩的儿童

20世纪90年代以后，随着国民经济水平的提升和对外贸易的完善，不少童装从业者开始有了品牌的意识，我国童装行业进入了快速发展的时期，各种独资或合资的童装品牌崛起，童装产品的设计从模仿阶段逐渐转化为独立自主设计生产。而21世纪以来，我国全球化进程飞速推进，全面小康的目标基本实现，物资得到了空前的丰富，消费者对于生活品质的要求和对于个性化审美认知越来越高，中国制造已经不足以支撑国民的需求，中国智造也已经不是新概念。在产业动能和生产技术已经达标甚至领先全球，而童装人均消费低于其他发达国家的背景下，针对现代童装品牌专业化、细分化、人性化的设计及运营能力，才是开启童装市场潜能的钥匙。

第二节 童装品牌现状及童装设计趋势

20世纪80年代，我国从计划经济整体转向市场经济，童装品牌随着产业的发展开始持续增加，市场需求也不断增加并逐步多样化。从2016年我国全面放开二胎政策至今，我国童装产业快速增长扩大，具有良好的行业前景和巨大的发展空间，童装消费呈现出销售额稳步上升、消费产品多元化细分的态势。另外，80后90后的家长们逐步成为童装消费的主力军，在他们的意识中优生优育观念的普及和对于生活品质的追求促成了童装消费的升级和景气局面。童装产品多样化的发展也就促成了童装品牌多样化的分布。我国现代童装产业主要包括传统型童装品牌和延伸型童装品牌，而从品牌所涵盖的产品内容和年龄跨度又可将其分为综合型童装品牌和专向型童装品牌。

一、现代童装品牌现状

与成人服装相比，我国童装产业起步较晚，但在成人服装市场增长放缓的背景下，童装市场的快速增长吸引了越来越多的服装企业参与其中。从早期的传统型童装品牌占主导地位的发展模式发展到如今许多运动品牌、快时尚品牌、休闲服饰品牌以及其他成人装品牌也纷纷投身开发童装产品，形成了成人装延伸的童装副牌和传统型童装品牌、国内品牌与国外品牌并存的格局，其中国外品牌大都定位在高端价位、大部分国内品牌定位于中高端或其以下的价格区间，并且正逐步由区域性品牌成长为全国性品牌。目前我国童装企业已逾万家，主要分布在广东佛山和东莞、浙江湖州、福建泉州、山东青岛及河南、四川等地，且大多在二三线城市发展，童装中高端市场虽然仍然被国外知名品牌所占据，但不少国内童装品牌也逐渐崛起。比如森马集团旗下的童装品牌巴拉巴拉、深圳的安奈儿、东莞的小猪班纳、太平鸟集团旗下的Mini Peace和江南布衣集团的jnby by JNBY等国有童装品牌，不论从品质还是风格来看，都十分亮眼（图1-9、图1-10）。

传统型童装品牌与延伸型童装品牌并存是产业的一大趋势。成人服装大品牌凭借成熟的服装运营经验、丰富的行业上下游资源，进入童装行业能够获得较好的发展。从产品设计的维度上看，专业童装品牌在产品的工艺细节设计和专业面料选用上具有较明显的优势，在童装功能性、舒适性与装饰性的结合上具有一定的经验和优势，而成人装品牌衍生出来的延伸型童装品牌更注重童装的装饰性和流行性，能够较好地反映出流行元素和品牌本身的设计风格，而在儿童穿着感受和舒适度上则有待完善。另外，从产品的辐射面来看，又可以将童装品牌大致分为综合型和专项型两种。综合型童装品牌是指涵盖多阶段多风格的童装品牌，如巴拉巴拉、安奈儿、小猪班纳等品牌都具有各年龄段各种风格的童装产品。而专项型童装品牌则是指针对儿童某一成长阶段或某些特定需要提供产品的品牌，比如婴幼童装品牌童泰、戴维贝拉、拉比等，而中式童装品牌萌芽、知了等则在风格上体现其专项定位（图1-11、图1-12）。

图1-9 童装品牌安奈儿宣传画报　　图1-10 童装品牌jnby by JNBY 秀场　　图1-11 婴幼儿装品牌拉比产品画册　　图1-12 中式童装品牌萌芽产品画册

二、现代童装设计趋势

童装设计的趋势根据不同时代和环境的变迁也在悄然发生改变。基于对产品的市场调研和文献研究，本书将童装设计在现代社会生活背景下的潮流走向和设计趋势整理为以下几点：

1. 童装品类细分化趋势

随着我综合国力的巨大发展和经济实力的不断攀升，我国家庭的收入水平逐渐增加，收入水平的提高促进了消费结构的改变，在童装这个领域所呈现出的结构性改变主要体现在童装产品的细分化和个性化需求。在计划经济时期，由于我国国民收入很低，物资极度匮乏，儿童服装在一个家庭中多是根据家中孩子的年龄和身形大小轮流穿着，而款式基本无过多设计和装饰，这体现了那个时代只能满足实用性需求的特点。然而到了20世纪90年代，城市化风潮席卷我国，市场经济的繁荣让我们有了更多选择的可能性，于是我们看到了公主裙、小皮鞋等热门且时髦的童装单品出现在大街小巷，甚至于某个时段某一单品可以掀起一股时髦的热潮，穿着时髦单品的小朋友在心理层面也表现出了一定的满足感，之后童装开始根据不同的用途和需求进行细分，比如运动时穿儿童运动服，在家里穿儿童家居服等。如今在这样一个物资极大丰富与认知多样化共存的时代，童装也体现出其专业化细分趋势，从大类来看，除了日常穿着的常服和校服之外，不同场合下选用的童装还包括运动服、表演服、礼服、亲子装、功能服装等，而单运动服既可以根据不同的运动项目进行细化，又可以根据其功能性的强弱分为专业性运动童装和惯常性运动童装。所以童装品类的细分趋势和现代生活的大背景，还和现代人优生优育的生活理念密不可分。

2. 童装风格成人化趋势

现代童装较20世纪90年代童装设计风格更加丰富，20世纪市场上主流的童装风格是以儿童的审美倾向为重点，多运用一些卡通图案和可爱甜美风格的元素进行装饰，旨在体现孩童的天真和可爱，而现代童装市场上国外品牌大量涌入，加之80、90后家长的消费观念和审美趋向也与世界接轨，童装设计呈现出了一个新方向，那就是童装风格成人化的趋势。所谓童装的成人化趋势就是将成人服装设计中的元素或单品转移到童装设计中，打造出个性、时尚的都市化

图1-13 风格成人化的童装设计

儿童服装风格。例如杜嘉班纳、巴宝莉和芬迪等国际大牌都相继推出系列童装设计（图1-13）。

3. 童装搭配整体化趋势

童装的发展过程是不断进化和完善的，从完整性而言，现代童装相较以前更加注重穿搭的整体感，童装搭配主要是为了达成童装产品功能需求和审美效果的完整性。前者比如冬天为了御寒在穿着基础服装之后，再配以手套、帽子和围巾，更好地抵御寒冷。而后者比如穿着洋装礼服裙子之后，根据洋装的调性，配以相衬的胸针，而胸针这一单品的职能只是增加审美效果，并非具有其他实用性功能。现今社会人们对于生活品质的要求不断提升，而个人审美意识也逐渐加强，所以在服装搭配上体现出了更多的可能性和个性化设计，而这种代入感在家长依照自己喜好的风格为孩子选择完整的搭配就可以得到印证。童装和成人装一样，需要通过不同的搭配效果和穿搭手法呈现出个性化的完整造型，以便传达儿童自身或者家长对于个人造型和审美的理解和表达。

4. 安全和舒适至上趋势

童装对安全性和舒适性有更高的要求，在卖方市场的背景下，卖家销售什么样的产品，消费者就得要购买什么样的产品，而如今我国的服装市场已经转变为买方市场，服装消费者具有很大的主动权，同样的价格可以有广泛的选择，这也就导致了不管消费者的购买力如何，在童装的选择上多会趋向于安全和舒适至上，高品质的产品将占有优势。所以童装设计师不管是出于职业良心还是专业经验，都该在面料选择和使用上仔细斟酌，巧妙运用才能够满足消费者日渐专业化的眼光。

童装的安全和舒适，主要体现在面料、辅料是否达到安全质检的要求，以及童装设计款式和工艺的合理性。童装设计师应该考虑到儿童着装时候的生理和心理感受，从而保证童装设计的安全性和舒适性。童装面辅料的安全性需要童装公司从源头抓起，在面料选用时应该选择经过安全质检并达到我国相关法规规定级别的童装面料，正规童装品牌生产的产品往往更加具有品质保障，而童装的舒适度除了在面料的选择上有所要求之外，童装的款式是否合理，穿脱是否方便，也是很重要的一环。童装产品舒适度的把握一方面有赖于设计师和生产者的工作经验和专业积累，另一方面则需要多多听取消费者的反馈意见。可以说，现代童装设计极大地体现了"设计以人为本"的人文关怀理念。

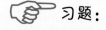 习题：

※ 通过本章的学习，请根据自己的理解多角度阐述"童装设计"概念。

※ 请各选择一个传统型童装品牌和延伸型童装品牌，试着针对两个品牌的理念、定位、产品风格等方面进行调研后，完成对比调查报告。

第二章 现代童装设计分类

　　在现今社会，儿童服装从基本的生活必需品逐渐演变为更加多样化、细分化的商品，于是探讨童装根据不同因素而产生的分类形式，则有助于设计师更好地把握童装设计的方向。另外，童装因为其伴随着着装者从出生至成年前的成长过程，而在这个过程中着装者不管是身体还是心理都将发生一生中最为明显的变化，因而童装的设计特点应该是伴随着着装者不同的成长阶段展开的。本书将童装分别按照年龄阶段、功能性、性别、季节和款式等标准进行细化和分类，且在每个分类项目中按照不同的标准进行设计要点的分析和揭示，旨在帮助读者更加全面系统地进行梳理和学习。

第一节 按年龄阶段的童装分类与设计

按照年龄阶段对童装进行分类是比较常见的方式。童装的特点就是着装者体型跨度和心理变化较大，所以设计师应该熟悉各阶段儿童的身体特点、行为举止、心理状态，这样才能更好地进行设计工作。现依据儿童的年龄阶段将其分为以下五个阶段进行阐述（图2-1）：

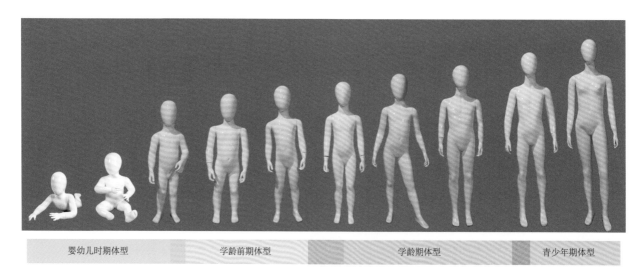

图2-1 儿童成长过程身体比例变化

一、婴儿期童装设计

阶段特点：婴儿期是指婴儿从出生至1周岁的成长期。这个阶段是婴儿成长迅速的阶段，从只能卧式姿势为主，成长至7个月基本能够坐立，8个月会爬行，到1周岁初步具备模糊行走能力，婴儿的身长较刚出生时增高约1.5倍，体重约是出生时的3倍，体型特点为头部较大、腹部凸起等。在这个阶段，婴儿的感知能力也在不断完善，从出生前对母亲的声音有辨别能力，到3个月大开始对外界产生好奇并开始有观察行为。4个月大时已经基本能够分辨色相的差异。婴儿对于色彩是非常敏感的，相较于沉闷的无彩色（即黑、白、灰），他们更喜欢看色泽鲜艳的有彩色。

设计要点：婴儿服装款式有连体式和分体式两种，造型多以平面为主，基本不需要诸如口袋、领子等具有体积感的细节设计，穿着方式以系带、按扣为主，较少使用纽扣设计，其原因是防止婴儿用嘴巴探索时误食。相较于前中开襟来讲，侧开襟和肩部开襟更加适合这个阶段的需要。材质方面多以弹性较好、质地柔软的纯棉针织面料为主，颜色上3个月以内的童装多以纤维本色或浅淡的颜色为主，而4～12个月可适当运用色彩设计来吸引孩子的注意，但一般不采用暗色和较浓的鲜艳色，这样可以尽量减少染色对于婴儿肌肤可能存在的伤害，下装方面多采用松紧带和开裆款式的裤子，3个月以内的婴儿因为活动幅度轻且多在睡眠状态中，所以多以裹被代替裤装（图2-2）。

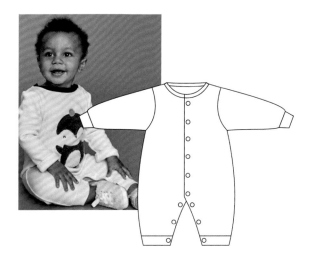

连身衣（居家款）

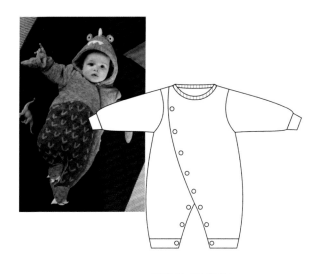

连身衣（外出款）

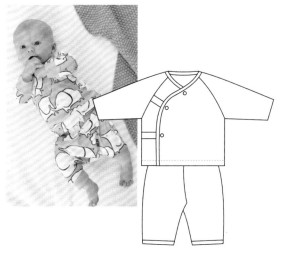

和尚袍套装

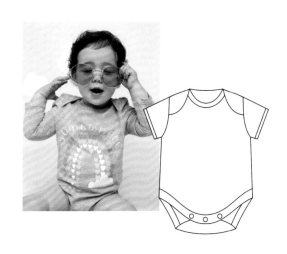

连身衣

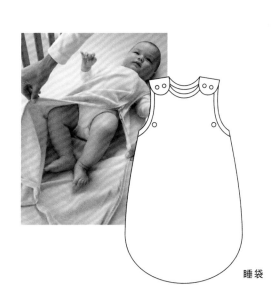

睡袋

帽子

口水巾

婴儿袜子
及鞋套

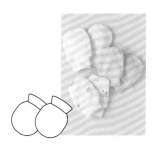

婴儿手套

图2-2 常见婴儿装款式

二、幼儿期童装设计

阶段特点： 幼儿期是指1～3周岁之间，称为"小童期"。这一时期身高比例约为4～4.7个头身，较婴儿时期成长速度略微放缓，根据不同月龄依旧有较为明显的变化，1～2周岁脸部稍大，颈部成型，肩稍向外凸，胸腹部凸出减小；骨盆斜度增大，下肢发达。能自如行走，稍长大后能够奔跑、跨越等。2～3周岁期间，幼儿四肢更加发达有力，手指灵活，能够完成拉拉链、扣纽扣等动作。活动量大，喜欢四处活动，平衡感逐渐完善，对于感兴趣的事情能够集中注意力。

设计要点： 这一时期大部分父母开始培养孩子自己穿脱衣服的能力，于是在幼儿装款式设计时应该注意穿脱简单便捷、开口和扣合物位置合理，安全系数要高，服装松量应该充分满足孩子活泼好动的特点，切忌装饰过多，夸张累赘的细节设计。在材料上，应该选择能够调节体温、透气性良好、穿着舒适柔软的纤维。许多家长在挑选这一阶段秋冬童装时会考虑到重量问题，应该尽量选择轻盈保暖的材质。此外，可以在图案或色彩设计上融入一定的审美启蒙和趣味元素，增加孩子对其的兴趣和好奇（图2-3）。

图2-3 幼儿期常见服装款式

三、学龄前期童装设计

阶段特点： 学龄前儿童期是指4～6周岁的儿童成长阶段，也可称为"中童期"。在这个年龄段，儿童的动作及语言能力逐步提高，能够跳跃、爬楼梯、唱歌、绘画、识字、算数等，对于未知显现出前所未有的好奇，并且逐步确立自我，并表现出各自的性格特点，乐于对成人的行为和穿着进行模仿。另外，由于开始与幼儿园的小朋友接触，形成了自己的社交圈子。于是，他们开始互相影响，对于性别差异、关系亲疏、情绪好坏等开始有了概念。伴随着这一切，他们有了很高的知识接受能力和理解能力。

设计要点：学龄前儿童期的服装设计应该注意到设计对象在审美上具有一定的自我意识和不同见解，在保证服装舒适的前提下，可在色彩和图案等方面进行一定的个性化设计，例如热点卡通形象在服装中的使用，能够与穿着对象产生良好的情感共鸣。另外，性别的差异也可以通过色彩、图案和工艺进行区分和引导。

四、学龄期童装设计

阶段特点：学龄期是指7～12岁的阶段，也可称为"大童期"。在这个时期，儿童体型逐渐稳定，肚凸特征逐渐消失，腰身外露，身材发育匀称，这一时期的身高比例约为6～6.5个头高，男、女儿童体型差异逐渐明显。该阶段后期，有些儿童开始出现青春期初期特征，由于不同的生长发育速度，个体差异较大。学龄期儿童摆脱了幼儿的特征，具有一定的判断力和想象力，智力开始从具体形象思维过渡到逻辑思维，心理特征的差异也较为明显。

设计要点：这个阶段的儿童主要的生活环境离不开校园，所以穿着的服装以休闲服和校服为主。学龄期儿童的服装设计倾向于既简单大方又具有明确个性特点，在图案上倾向于富有知识性和幻想性的元素，造型特点比较自由随意，松量上以合体或宽松为宜。如果是偏向成人化趋势的童装，应该掌握好尺度，切忌过于性感和夸张，以积极健康、大方自然为好，材质选择方面依旧以舒适安全为主，逐渐趋同于成人服饰的面料（图2-4）。

图2-4 学龄期常见服装款式

五、青少年期童装设计

阶段特点：这一阶段是人生的第二个成长高峰，伴随着生长发育，少年的第二性征开始显现，男童一般在13～15周岁发育较为迅速。男童身高每年增长约5cm，胸围每年增长约3cm，手臂每年增长2cm。伴随骨化过程，肩部开始发达，肌肉日益强壮。而女童的发育时间普遍早于男童，女童在这一阶段胸部发育很快，但身高增长逐年放缓。男女童身高的增长个体之间存在很大差异。少年期生理变化显著，同时心理发展比较丰富，情绪波动较大，喜欢表现自我，容易受到外界事物和潮流的影响。

设计特点：对青少年期服装进行设计时，应该在版型上充分考虑到男、女体型特征和差异，女童合体服装应该注意进行收省处理。服装的造型应该追求自由多变，可适当突破体型的限制。这个阶段的服装开始接近于成人着装，具有很强的个性化区别，服装的类型以校服和休闲服为主，可适当地体现潮流元素和设计巧思（图2-5）。

图2-5 少年期常见服装款式

第二节 按产品性质的童装分类与设计

一、按用途分类的童装设计

1. 儿童常服

儿童常服是指儿童穿着的日常服装，通常以休闲服为主，是极其普遍的儿童着装选择。常服应该注意着装者的穿着感受和日常着装场合，款式简单大方，造型设计自由和谐，张弛有度。不宜具有太过个性化、太过夸张的设计细节，乃至造成活动不便，应当符合着装者的日常生活需要。

2. 儿童礼服

儿童礼服是符合儿童特殊时间、场合所需的礼仪服装。其实，古时候也有儿童礼服和盛装，但在我国解放前乃至计划经济年代，由于物资的匮乏，儿童礼服逐渐消失。如今我国经济迅速发展，人民生活水平有了飞跃式的提高。为了适应生活多层面的需要，儿童礼服市场逐渐形成。目前市场上的儿童礼服非常丰富多样，主流方向基本可以分为两种，一种是以西方审美标准为主的西式礼服款式，另外一种是加入东方元素的传统儿童礼服。近几年，中式汉服、袍服以及儿童日本和服和韩服等都具有一定的市场需求。此外，国外时装大牌纷纷打入童装市场，也增加了西式童装礼服的选择。市场上礼服种类之丰富不胜枚举，也体现出了产业发展背后的巨大市场需求和商机（图2-6）。

图2-6 儿童礼服

3. 功能性童装

功能性童装是指针对儿童的能够满足某种特殊功能性需求的服装，最具有代表性的为儿童运动服装。儿童运动装又可以根据不同的运动项目进行分类，例如泳装、练功服、滑雪服饰、舞蹈服装等。现代社会中儿童的生活内容较过去发生了巨大的变化，伴随着愈发丰富多样细化的生活需要，功能性童装的市场前景也是不容忽视的（图2-7）。

4. 童装制服

所谓制服是指团体统一着装，含有强制、制约、统一之意。童装制服一般有两种情况。一种就是校服。学校强制孩子穿着统一的校服，其一能够防止学生之间的攀比之风，另外也是为了方便学校进行统一的管理，通过校服的统一对于学生身份进行识别，增加安全保障。校服还可

图2-7 功能性童装

以强化学校的精神理念，增加学生的集体感。另一种则是家长购买的模仿某一职业的儿童版职业装，这种情况有时是为了调动小朋友的兴趣，增加对于某个职业的了解和认同感，另一种就是单纯地为了视觉上的美观和个人的穿搭喜好，这种情况下的选择类似于常服的穿法。

5. 儿童家居服

儿童家居服是指儿童在居家环境中所采用的舒适着装。为儿童选择家居服，有的是因为追求品质生活，将外出着装和家居着装分开，有助于生活场景转换，使在家的着装更加舒适惬意，增加仪式感。从卫生层面考虑，儿童外出的服装相对容易接触到细菌和污渍，回到家换上家居服可以隔离细菌和污渍，保证家居生活的洁净和舒适。现在，家长为儿童准备家居服已经成为一种普遍趋势。

6. 儿童内衣

儿童内衣主要用于睡眠时穿着，日常穿着在外衣最里层的服装。儿童内衣主要有背心、短裤、T恤和针织长裤等款式。越来越多的年轻家长开始重视从小养成孩子穿着内衣的习惯。其实，婴儿服装品牌的面料和质地更加偏向内衣的标准和手感，而幼儿的童装中，内衣也是十分常见的商品。儿童内衣产品的设计更多是出自专业的童装品牌或内衣品牌。不少快时尚童装品牌，例如H&M、UNIKO等，都有童装内衣线的产品销售，为消费者提供了许多选择空间。

二、按性别分类的童装设计

1. 男童装

男童装是指以男性儿童为着装对象的服装产品。婴儿期和幼儿期的男童装与女童装的区别主要体现在色彩和图案上。而学龄前期的男童装与女童装开始在款式和装饰手法上逐渐区别开来。因童装起到一定的启蒙、心理引导等作用，所以男、女童服装的区别化设计是必要的。

2. 女童装

女童装是指以女童为着装对象的服装产品。女童装在色彩和图案的运用上偏向甜美可爱，有些单品如连衣裙、半裙为女童专属。细节上常常用蕾丝、珠片、缎带、蝴蝶结等装饰元素。女童装的设计空间较男童装来讲更加自由和广阔。

3. 无性别童装

无性别童装是指性别标识并不明显的童装，也就是说男女童可以共用的服装产品。无性别童装可以在色彩和图案的选择上偏中性，在款式和造型上偏前卫或是更加简单，且有相当一部分具有成人化时装设计趋势。另外，也可以强化儿童可爱的特点，通过强化儿童的性格从而模糊性别的差异等（图2-8）。

图2-8 无性别童装款式

三、按季节分类的童装设计

按照季节对童装进行分类，可分为春、夏、秋、冬四个季度的童装。成人服装笼统划分的话，可分为春夏和秋冬两季进行开发，而童装因其穿着对象对于温度和季节较敏感，通常按照四季进行区分。有些公司会将春夏季合并，分为春夏、秋、冬三季进行订货展示。有些童装单品是不受季节影响的，比如连衣裙和衬衫，四个季度都会有，而有些童装产品是季节性很明显的，比如羽绒服和吊带背心。从面料的角度看，春夏季节多采用比较轻薄的梭织或针织面料，童装夏季的面料相较于成人夏季的服装面料更加轻薄，透气性需要达到很高的程度。秋季上衣多以长袖为主，需要注意保暖性和舒适性，而冬季根据气候不同、地区不同，有较大的差别，在我国北方，长款过膝羽绒服童装产品比较常见，而南方地区出于孩子的多动和舒适性要求，通常不会设计过长的童装款式。所以童装的设计除了受到穿着对象生活习惯等的影响外，也必须考虑到季节和气候的变化，才能够满足童装消费者的需要。

四、按穿用方式分类的童装设计

1. 上装

童装上装的种类与成人类似，款式多样，包括背心、T恤、衬衫、夹克、风衣、棉袄、羽绒服等。上装一般是视觉中心，童装的设计元素相较于成人服装更加丰富，需要设计师把握好服装造型和设计元素使用的尺度，设计师可以在上装中充分利用各种设计手法，做到既保留了儿童的天真浪漫风格，又具备时尚、大方的效果（图2-9）。

图2-9 常见儿童上装款式

2. 下装

童装的下装以裤装和半裙为主，通常是上衣的辅助单品，但也有些设计师喜欢将下装进行考究的设计，裤装的设计点常集中于腰部、裤袋、关节处、裤边等处，而裙装多集中于腰头和下摆等处。相较上装来讲下装更加内敛实用，设计从简，图案运用较少，这与下装所占的面积及空间有关。进行套装设计时，下装往往会运用较上装简化的元素呼应上装主体设计（图2-10）。

图2-10 常见儿童下装款式

3. 连体装

连体装也是童装设计师比较钟爱的款式，尤其女童装中连衣裙的出现频率相当高，因为其空间和面积大，所以设计较为自由多样，加上穿脱方便，所以是女童装中不可或缺的人气单品。另外，背带裤和连体衣虽然在穿脱和日常使用中会有所不便，但很符合孩童活泼、可爱的装扮，所以也是家长们偶尔会购买的童装单品（图2-11）。

短袖连体衣

连体棉衣

连体长袖T恤

连体背心

连体卫衣

吊带连衣裙

系扣连衣裙

单带背带裤

A型连衣裙

背带中裤

娃娃连衣裙

礼服裙（公主裙）

图2-11 常见儿童连体装款式

4. 配饰

儿童配饰较成人配饰具有明确的特点，且比起成人配饰，儿童配饰的范围更加广阔，成人配饰除了基本的功能性需求外更侧重于装饰性需求，儿童配饰在婴儿、幼童、小童、中童阶段相较于装饰性需求，功能性需求更为重要。另外，童装配饰除了常规的例如帽子、鞋靴、围巾、手套等，还有一部分属于童装附属配件，童装附属配件主要包括婴幼儿时期的一些辅助类童装配件，比如围嘴、肚兜、袖套、尿布裤等。童装附属配件通常是为了满足儿童生活场景和生理需要，但随着家长养育品质的不断提高和出于养育过程中精神愉悦的需求，其装饰的潜能被逐渐地开发出来（图2-12）。

图2-12 常见儿童配饰

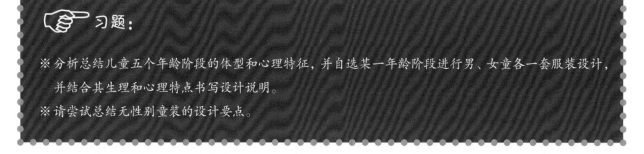

第三章 童装造型元素及形式美

第一节 童装设计中的造型元素

点、线、面、体是服装造型设计的基础要素,当然也是童装造型设计的重点构成内容。点、线、面、体四大造型要素在童装单品中以各种不同的形式进行排列组合,从而产生形态各异、丰富多样的现代童装造型。在童装设计中,点、线、面、体不再是几何学上单纯的度量概念和单位,而是被设计师赋予了不同情绪和意义。掌握了点、线、面、体在童装中的转化关系和情感表达,也就掌握了童装设计的基本构成技巧和表现形式。

一、点元素

1. 点的概念

点是造型要素构成的基础单位。点不仅有面积上的差异,而且还具有不同的形状特征,比如几何形的点,以直线或弧线等几何线构成,表现在童装的口袋、领结、纽扣等部位,具有明快规范之感,还有任意形的点,其轮廓主要由自由随意的曲线构成,比如童装上各种造型的图案等具有亲切活泼之感。童装中单一的点元素具有诱导视线和集中视线的功能。

图3-1 童装中的点

2. 童装中的点

童装中点的表现形式主要包括点的排列方式、数量、疏密、虚实、大小、立体和平面等具体内容。点的排列方式包括有序排列和无序排列两种,有序排列的点根据一定的平面骨架进行排列,给人以规制整齐、简洁大方之感,而无序排列的点则显得更自由随意、轻松跳跃。点的不同数量也可给观者不一样的感受,单点容易成为视觉的中心,2~3个点的构成可以突出点与点的联系和对比效果,多点则可以弱化点本身的性格,以点状纹样形式出现,或者在视觉上通过数量突出点的层次变化。稀疏的点可以让人觉得自然平静,而密集的点则容易形成视觉上的紧张感,虚的点更加富有变化和层次,而实的点则具有一定的力量感和向心性作用。小的点显得优雅,精致而巨大的点则有益于突出设计感和艺术性。平面的点内敛、工整，具有一定的实用性，而立体的点则活泼、多变，适合表达一些具有强烈个性的设计，立体形态的点尤其在舞台表演和以装饰性为主的童装中较为多见（图3-1）。

3. 点元素在童装中的运用（图3-2）

（1）工艺形成的点

运用工艺手法形成的设计点或者点造型在童装中屡见不鲜。比如运用刺绣、印染、镶嵌等方式在童装面料上形成的点状图案，就是通过服装工艺表现出来的点造型。

（2）辅料形成的点

纽扣、搭扣、珠片等都属于通过辅料在童装上呈现的点造型元素。通过辅料形成的点造型，除了其功能性之外，随着人们对于美的追求，装饰性也越来越明显。

（3）配饰形成的点

相对于童装整体的效果而言，童装上较小的饰品都可以理解为具有点缀效果的设计点。比如小挎包、胸花、丝巾、围巾、造花等，都具有较强的设计感和吸引力。当然，配饰形成的点在女童装中出现的情况要高于男童装。

工艺形成的点　　　　　　辅料形成的点　　　　　　配饰形成的点

图3-2 点元素在童装中的运用方式

图3-3 点元素在系列童装设计中的运用（作者：曾靖婷）

二、线元素

1. 线的概念

线是任意点移动时留下的轨迹。造型设计中的线非常多样，也具有不同的性格。一定数量的线组合起来，能够产生节奏。线恰到好处的运用可以产生错视效果，从而辅助传达设计要表现的形象。在服装中线的使用非常广泛，主要包括服装的结构线、分割线、装饰线等。

2. 童装中的线

童装中线的表现形式也是相对多样的，包括线的曲直、长短、粗细、厚薄、虚实、方向、疏密等不同样貌。直线条具有硬直、单纯的性格，相反曲线条则给人以圆润、优雅、活泼的感觉。长线条柔美飘逸，具有延伸感，而短促的线条显得干脆、利落。粗线条视觉上给人以随意、刚硬，具有力量的感觉，多运用在男童装的设计中，而细线条则优雅、隐蔽、柔和，相对更适合女童装设计。线条的厚与薄，其实是指立体与平面的差异，线条通过层叠、堆砌、扭绞、搓捻、填充等手法形成立体感，立体的线条感官刺激更强，具有表现力和设计感，多用于创意前卫的款式中。平面的线条则更加贴服工整、大方优雅，层次感靠线条的排列和错视手法来实现。线的虚实有两种情况，一种是线条本身是点状虚线或顺滑实线，另一种则是依据面料透明度来区别其虚实。一件单品完全使用虚线条会感觉轻飘、柔弱，完全用实线则会感觉到沉闷厚实。如果能运用线条虚实的配合来进行童装的设计则会具有更完美的效果。除了线条本身的样貌会影响到观看者的心理感受之外，线条的排列方式也同样影响着线条的视觉效果。等距离排列的线整齐之余显得呆板，而随意排列的线活泼之余需要控制其构图和层次，否则会显得凌乱繁琐。密集的线条具有紧张感，稀疏的线条轻松自在，但过于稀疏则会分散视线，显得模糊无序。线条根据其方向可以大致分为垂直方向、水平方向和倾斜方向的线条。垂直和倾斜方向的线条具有收缩和延伸感，而水平方向的线条则具有放大和扩张感（图3-4）。

图3-4 童装设计中的线

3. 线元素在童装中的运用（图3-5）

（1）工艺形成的线

服装都是由不同的裁片拼接组合而成的，所以裁片和裁片之间必然会有缝合线，有的是不可忽略的结构线，有的则是单纯的分割线。连接裁片所用的是拼缝工艺，而拼缝工艺形成的线在服装中是相对隐蔽的，有时会运用辅料或者装饰将其强化，但大多数情况是没必要特意强调的线条。除了拼缝形成的低调缝合线之外，童装中通过嵌线、镶拼、手绘、绣花、包边、流苏等工艺形成的线应用也十分广泛，可以根据设计师的奇思妙想加以变化和设计。通常在领口、前襟、下摆、袖口、腰围等位置加以体现。若能掌握线条造型的形式规律并掌握各种工艺的特点，进行童装线条造型设计是非常有益的。

（2）辅料形成的线

童装设计中表现出线性感觉的辅料主要有拉链、花边、绳带等。这些辅料大多兼具服装开合的实用功能性和装饰审美性。如拉链，现代拉链在色彩、材质、形状、拉头数量等方面都有很广泛的选择，这些突破都是源于市场上服装细分的需要和人们审美品位的提高。花边和织带则可以根据设计要求自由选择，灵活应用。

（3）配饰形成的线

配饰在整套的搭配中，有意无意地构成了一些线条。比如挂饰、领带、围巾、包包背带等。这些配饰通过色彩、质感和形状的区别，呈现出多种不同的设计效果。从造型要素的相互作用来看，线性配饰需要与服装主体的块面相互呼应，才能凸显出造型的层次变化（图3-5～图3-7）。

工艺形成的线　　　　　　　　　辅料形成的线　　　　　　　　　配饰形成的线

图3-5 线元素在童装中的运用方式

图3-6 线元素在系列童装设计中的运用（作者：林美龄）　　　图3-7 虚线元素在系列童装设计中的运用（作者：苏子诺）

三、面元素

1. 面的概念

面是线条运动形成的轨迹，它是具有广度的二次元空间。面在几何学领域是具有延伸性的，却无法描绘和制作出来。在造型领域，面是相对而言的，面比点大，比线宽，面大体可以分为平面和曲面。

2. 童装中的面

面的表现形式包括面的形状、大小和虚实。根据面的边缘形状可将其分为直线形面和曲线形面。直线形面具有明确、简洁、秩序性强等特点，表现在童装中具有干脆、利落、现代感强的特点，曲线形面则具有静止感，表现在童装中衬托了儿童的圆润憨厚与活泼可爱。如果形成面的曲线自由无序，则有助于传达柔和、优雅、随意、轻松、充满情趣等感觉。面积较大的裁片制作出的童装比较朴实大方，反之则更显活泼柔和。如果在服装中块面多且面积平均会感觉整齐，甚至略显死板，而面积不等则会富有层次和变化。面的虚和实主要是通过面料的厚薄、肌理、轻重等来加以表现。童装中运用透明装饰材料较少于成人装，只在夏天因舒适性需要会选择相对轻透的面料。而厚重的面料较成人装程度也应适当控制，避免造成儿童着装的负担（图3-8）。

图3-8 童装设计中的面

3. 面元素在童装中的运用（图3-9）

（1）裁片形成的面

利用服装裁片来进行面的设计和组合是非常普遍的一种面的表现形式。这种方式非常方便，童装中除了一些极少的点、线形式的裁片之外，大部分童装裁片都是一个面，童装是由这些块面组合而成的，将不同材质的面进行色彩、图案、质感的差异化处理往往可以产生大面积强烈的对比效果。但要注意同色面料拼接，容易呈现出线的造型特征。只有不同色拼接时，才会因对比产生面的造型特征。

（1）图案形成的面

图案在童装造型要素中相对重要，大面积装饰图案在童装上常常出现，并且形成视觉的中心。装饰图案的材质、纹样、工艺手法非常丰富多样，能够有效地打破童装设计的单调感。形成面的大图案相较较小的点形式图案，其图案本身的内容和特性被放大并且强调，成为服装唯一看点的情况很常见。

（2）工艺形成的面

工艺表现的面往往是通过工艺手法对于童装面料进行再造，然后将其运用在服装中，这种面的表现能够强调再加工手法的艺术表现效果，经过不同工艺在面料上缝制成线形，再由点线的纵横单向排列或交叉排列成面；或者先缝制出单个点的造型，点的排列形成线，再通过线的排列形成面。将面料本身进行工艺再造的处理方式能够强调服装的艺术感和设计感，因此工艺表现的面在女童裙装、衬衫、礼服、舞台装等产品中常有使用。

裁片形成的面　　　　　图案形成的面　　　　　工艺形成的面　　　　　配饰形成的面

图3-9 面元素在童装中的运用方式

（4）配饰形成的面

除了将块面缝合表现面的设计之外，将块面组合在一起呈现在一套造型中，但不将其缝合，便是运用服装和饰品的搭配来达到的面的效果。童装中面积感较强的服饰品主要有长条围巾、扁平包袋、披肩等。通过搭配表现的面往往具有较明显的空间关系，利用这种上下、前后、长短的空间关系可以灵活地表现面的对比和搭配（图3-10）。

图3-10 面元素在系列童装设计中的运用（作者：陈林铃）

四、体元素

1. 体的概念

体是由面组合而成的三次元空间，它具有广度和深度。体的不同面可以呈现出不同的样貌。童装设计上有体的色彩、质感、厚度等不同体现。在童装中体的设计除了要体现儿童圆润可爱的感觉，还要注意若要强调体的造型需要注意以方便儿童活动为基本原则。

2. 童装中的体

童装设计中体的表现形式包括有体的形状、大小、虚实等。在童装中体的形状可以是圆形、方形或者任意形，根据设计的需要和工艺材料的可行性，童装中体的形状是千变万化、自由随意的，可以是动物造型的服装、汽车造型的背包、立体花朵型的口袋等。体的大小不同在童装中可以表现出笨重、厚实、突兀、活泼等感觉。体的虚实则主要根据形成体的材料和方式而定，体的虚实变化在常规的童装设计中比较单一，多体现在一些特殊童装的设计中，比如舞台表演服装、创意童装等（图3-11）。

图3-11 童装设计中的体

3. 体元素在童装中的运用

（1）衣身形成的体

童装穿着在儿童身体之上形成不同的体积状态，根据服装与人体的宽松度基本可分为紧身型、合体形和宽松型。日常童装中，合体型、宽松型较为常见，因合体型服装无过多不必要的立体设计，日常穿着活动便利，宽松形对于人体没有过多的束缚，相对来说比较适合儿童的身体成长。紧身型的童装一般都具有较好的弹性，不会因为过于贴身成为儿童活动和成长的负担，多用于一些特殊功能性服装，比如儿童泳装和儿童舞蹈服等。

图3-12 零部件形成的体

（2）零部件形成的体

突出服装整体部位的较大零件都具有体积感，如造型感、体积感强烈的口袋设计，女童装膨胀的泡泡袖和夸张的下摆，儿童舞台表演装中夸大处理的领子等。童装中为了突出儿童天真可爱的特点，经常会用一些较为夸张的局部零部件设计，这些部件能够突出或衬托出衣身的体积感（图3-12）。

（3）配饰形成的体

服饰品的体积感和服装本身的体积感共同呈现在着装者的整体造型中。在童装中，帽子、包袋、手套等都是三维效果相对较强的服饰品。这些具有体积感的服饰品具有容纳、保护等功能性的同时，也因其空间感和体积感起到了不可忽略的装饰作用。具有体积感的配饰可以将儿童的活泼感更加明确具体地诠释（图3-13、图3-14）。

图3-13 配饰形成的体

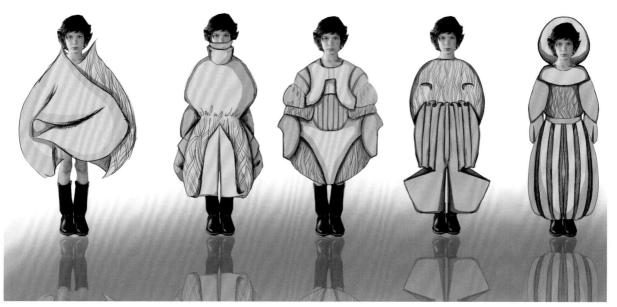

图表3-14 体元素在系列童装设计中的运用（作者：谭洪娟）

第二节 童装造型的形式美

人类对于美的探索从未停止过，"美"虽然没有固定的模式，但通过形式看待某一事物或某一视觉形象时候，人们对于"美"还是"丑"的判断，还是存在着一种基本共识。亚里士多德提出美的主要形式是次序、匀称与明确，一个美的事物，它的各部分应该有一定的安排，而且它的体积也应有一定的大小。毕达哥拉斯学派认为美是和谐的比例，而王朝闻在他的《美学概论》中指出："通常我们所说的形式美，指自然事物的一些属性，如色彩、线条、声音等在一种和规律联系时如整齐一律、均衡对称、多样统一等所呈现出来的那些可能引起美感的审美特征。"那么童装造型设计中形态美的体现有没有常见的规律呢？本书将童装设计中形式美的法则总结如下：

一、重复

同一个对象出现两次以上成为一种强调对象的手段，可称为"重复"。服装中重复的运用有两种形式，分别是绝对重复和相对重复，绝对重复是指将单位元素百分百相同地多次使用，而相对重复也可以叫作变化重复，就是指将单位元素进行略微改变后在服装设计中体现。所谓的略微改变可能是单位元素的大小或是能够明显看出关联性的形态变化。重复是常用的手段，同形同质的形态元素在不同部位出现，同样色彩和花纹的反复等都会产生次序感和统一感。在婴幼儿装中，将可爱的元素和图案重复运用是常见的手法。但是重复手法往往容易被追求标新立异的设计师所忽略，然而能够将重复手法使用得当往往能够表现低调而不失效果的好设计（图3-15）。

元素绝对重复   元素相对重复

图3-15 童装中的重复

二、对称

对称是指图形或物体以中轴线划分为相对的两部分，在大小、形状、距离和排列等方面一一对应。对称的种类很多，可以是左右对称、上下对称、旋转对称等。在我国古代，寺庙和宫殿的构造，亦或是古人生活日常陈列摆设上都常常见到形态样式的对称，这足以看出我国古代对于对称美的推崇，在服装款式和传统图案中也比比皆是。对称造型具有规则的、庄重的、严肃的、权威的、神圣的美感，但同时也显得拘谨、呆板、单一。这与儿童的性格和特点有些不符，但受到人体结构的限制和对称普遍性的影响，对称设计在童装中也比较常见，比如一些具有中式风格的童装款式偏好对称的结构和图案设计（图3-16）。在服装设计中，对称效果往往是靠不对称的设计衬托而展示出来的。不对称设计则可以克服对称造型的呆板、拘谨等视觉感受，有利于塑造出活泼、灵动、设计感强烈的视觉效果（图3-17）。

图3-16 对称童装设计（作者：曹雨婕）　　　　　　图3-17 不对称童装设计（作者：孙怡荟）

三、均衡

均衡指图形中轴线两侧或中心点四周的形状、大小等虽然不能重合，但通过变换位置、转换空间、调整大小、色彩等手法取得视觉上和心理上的平衡感。相对于对称而言，均衡更加灵活多变，具有弹性空间，更加符合儿童的心理特征。所以在童装设计中基于对称基础上的差异化处理是很常见的。如女孩所穿着的针织衫将其水平或垂直分割，红色和藏蓝色的圆点色彩、位置和大小都不尽相同，但是就其上和下、左和右对比观看都是平衡且和谐的，均衡就是这样一种平衡但不死板的视觉效果（图3-18）。

图3-18 童装设计中的均衡

四、对比

　　对比是将具有明显差异、矛盾和对立特质的形态排列在一起，进行对照比较的表现手法。通过相互之间相反的性质，互相增强自己的特性，使两者的相异性更加突出，变化加大，产生强烈的视觉对比效果。对比很符合儿童天真烂漫又活泼多变的性格特点，所以在童装设计中应用广泛，根据对比效果的强弱可以达到不同的视觉感受。如图3-19中全套服装中的每件单品色彩、花色都不同，达到较强的对比效果，或是根据某种统一性或秩序性，逐步深入进行对比，或是少面积与绝对大面积进行对比，都可减弱对比的效果，也就是说在对比这一手法中，要注意到比例的安排及其与视觉审美的关系。总而言之，在童装设计中，我们既要追求款式、色彩、面料的变化，又要防止各种元素杂乱无章的无意义堆砌，所以在统一的前提下追求对比的变化，要充分把握用于对比的各部分的位置、面积、主从关系，以达到最完美的设计效果（图3-19）。

对比感强　　　　　　　　　　　　　　　　　　　　统一感强

图3-19 童装中的对比和统一

五、统一

在设计中的统一与对比相互对立，是指通过对各个部分的整理，使其具有某种次序感，最终能够产生整齐、一致的视觉感受；也可以说统一是对近似性的强调，强调一种无特例、无变化的规整有序的美感，满足人们对于稳定性的心理需求。带来安全感的同时，统一也难免显得单调和呆板。在童装中统一和对比时常共同出现，而完全统一的情况比较少，更多的是某一个元素上的统一，比如色彩统一、材质统一或风格统一。从某种程度上可以说，统一的视觉效果更能凸显出视觉上的正式感和高级感。

六、调和

调和产生于对比和统一之间，对比产生差异，调和则是弱化此差异，从而使得存在差异的个体间趋于统一。调和使对立的视觉元素冲突感减弱，使之以一种相对和谐的方式形成一个整体。在童装设计中，造型元素的调和方式有很多，通过对童装中用于对比的各个元素的大小、长短、面积、疏密、色彩、质感等元素的调整，采用呼应、穿插、融合等手法，都可以达到调和的效果（图3-20）。

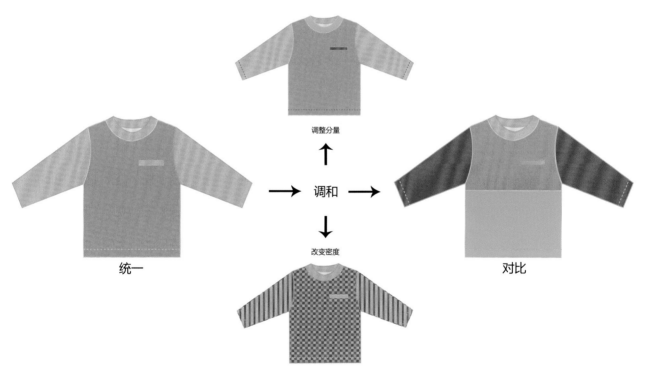

图3-20 统一、调和、对比间的转换

七、比例

比例是指全体与部分、部分与部分之间长度或面积的数量关系，也就是通过大和小、长和短、轻和重等质、量的差所产生的平衡关系。在童装中，不恰当的比例带给人失衡、不安定的感觉，而恰当的比例则能够带来平衡、协调的美感。童装的比例涉及面料、色彩、款式、着装方式等方面，如何掌握好比例设计是一项关于调控的技术。

总的来说，童装设计是基于儿童这一对象主体，在相对统一的审美标准范围内，对于设计要素的形式进行合理及优化组合的一门学问，需要设计师仔细观察、比对、研究，最终积累到所需要的设计经验，才能掌握形式美的运用和设计技术。

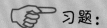习题：

※通过本章学习请试着阐述童装造型中点、线、面、体等元素间的转换关系。

※尝试以点和线为造型基础元素完成一个系列（3套）童装设计效果图，并且在完成之后运用童装造型形式美的规律对作品加以说明和分析。

第四章 童装款式设计

　　现代童装款式根据市场的需要和潮流的趋势不断推陈出新，但若想要找到其中的设计规律，则需要具有一定的潮流敏感度和代入式的设计思维，找到童装设计要素中真正满足消费者生理和心理需要的关键，才能够具有针对性的进行童装款式设计与创新。本章内容将从现代童装的廓形、结构线、部件和细节等内容，结合现代童装市场上的款式进行分析和说明。

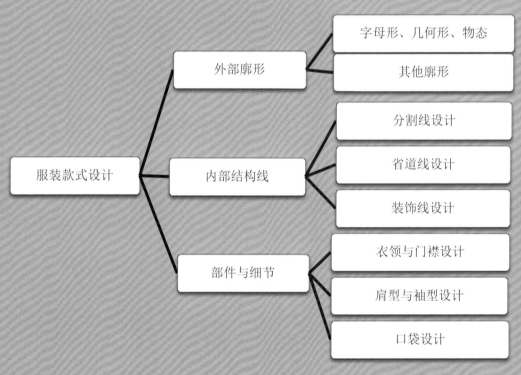

图4-1 童装款式设计内容简要表

第一节 童装廓形设计

廓形英文为"Silhouette"，意为轮廓、外形或形状。服装廓形是指服装的外部轮廓线，廓形是服装款式造型的第一要素，关于廓形的分类方法多样，可以按形状、物相、字母形进行区别。童装廓形较成人装来讲，变化较柔和，这与儿童身体曲线不明显、三围差值较成人小有直接关系。虽然在体型上存在差异，但童装的廓形总体和成人装廓形基本一致，只是在性别分布上有所倾向。本书对于童装廓形的阐述延用了克里斯汀·迪奥先生20世纪50年代推出的字母廓形分类法（图4-2）。

一、A廓形

A廓形指外轮廓呈现正三角形的服装形态，这种服装肩部线条贴合身体，也可根据需要适当收缩肩部。从肩部向下逐渐放开，服装的下摆散开扩大。这种廓形在女童装中的运用多于男童装，市场上年龄较小的女童连衣裙多为A廓形。因年幼女童不存在胸腰围差异，所以基本不需要收腰（收省）处理，加之下摆外放比较符合幼童活泼可爱的形象特征。A廓形在成人装中能够根据其面料幅度和衣长程度不同，表现出或庄严肃穆或活泼俏皮的形象，而在童装中，A廓形更多地表现出活泼、可爱、俏皮、乖巧等特质。

二、H廓形

H廓形也可称为长方形廓形，这种廓形从肩到下摆线基本呈直线，这与幼童无腰身的身体特征相符，加之出于舒适度的考虑，日常穿着的童装大部分运用H廓形的形态进行设计。H廓形给人一种务实、简约的造型印象，可以塑造出开朗、大方，具有都市感和时尚感的儿童形象。另外，H廓形基本无性别差异，男女童装都很适用。

三、O廓形

O廓形也可称为圆形或椭圆廓形，这种廓形是指腰线廓形向外突出，上下两端相对收缩的童装外轮廓形。O廓形服装给人以圆润、温和又可爱、摩登之感，这种廓形一般会在一些比较注重设计感的品牌童装中见到。因为圆形给人的印象就具有弹性和跳动感，所以能够充分诠释儿童特有的活泼和天真性格。

四、T廓形

T廓形也可称为倒三角廓形，是指服装外廓形的肩部宽度较大，腰部和下摆收缩的样式。T廓形的童装款式夸张肩部线条，通常情况下连体袖和擦肩袖设计居多，或者在肩部装饰以诸如荷叶边等具有体积感的细节来烘托效果，常常用于表达设计感较强、较前卫的造型。童装中的T廓形除了以上所说的情况外，在儿童表演服中也可见到。

五、X廓形

X廓形是一种具有女性化造型线条的廓形。腰部收紧，下摆外放，勾勒出人体唯美的曲线，用于表现一些柔和、优美、女性化的形象。在童装设计中，X廓形主要运用在大女童乃至少女服装设计中，用于突出少女温婉可人和娇俏甜美的性格特征。

六、其他廓形

其他廓形包含除了以上所提及常规廓形以外的所有廓形，它可以是几种廓形有机组合的形式，也可能是在某种廓形的基础衍生出来的一种新的造型效果，比如儿童参加舞台戏剧演时选用的动物造型服装，或者某些概念性展示用的童装设计作品（图4-2）。

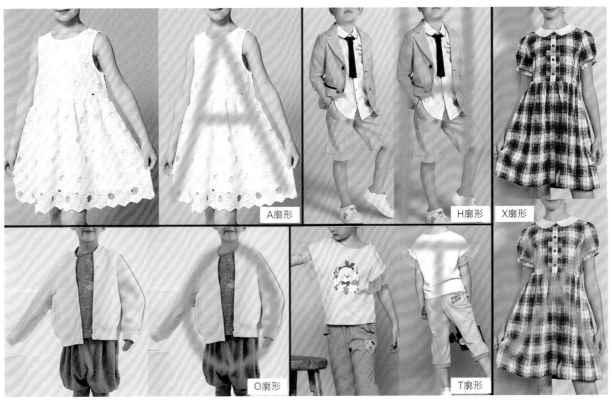

图4-2 童装廓形

第二节 童装结构线设计

构成服装款式造型的，除了服装的外轮廓外，内部结构线也是不可或缺的部分。童装中的内部结构线与成人服装类似，也包括分割线、省道线和装饰线三种。以下将逐一说明：

一、分割线

分割线又叫"开刀线"，是指根据造型的需要将服装的各部分裁片拼接对缝的线。如衣身前后片、裙子与裤子的前后片、侧缝、袖片、领片等将其根据分割线对应进行缝合组成完整的衣服，分割线应根据造型的需要进行调整，以确保美观整齐和对设计师意图表达的准确性。分割线在服装的结构构成中十分常见，因不同的位置和审美需要，种类也较为多样。童装中的分割线总体可归类为以下三种：

1. 直线分割线

直线分割线是指服装成型以后呈现出直线效果的拼缝线条。一般体现为肩线、后中线、约克线、腰节线等结构线，也可以是单纯为了装饰而破开拼缝的直线。可采用水平或垂直，或倾斜的分割效果，给人以舒展、工整、挺拔等不同的视觉美感。

2. 曲线分割线

曲线分割线是指分割拼缝的线条呈现出弧线效果的线，能展现出人体线条自然的弧度和美感。比如大女童裙装中偶尔出现的公主线、裙摆处的波浪形分割线等。当然，曲线分割在工艺制作方面具有一定的难度，所以角度偏大的曲线分割在童装设计中较为少见。

3. 结构分割线

结构分割线指为了实现款式设计又要满足人体构造需要，必须要有的分割，如将省道线藏进公主线破缝中，如图4-3所示，而这条公主线既满足了收省的功能，又将裁片分割成为两个独立部分，此公主线就是结构分割线。以简单的分割线形式，最大限度地显示人体轮廓的重要曲面形态是结构分割线的主要作用。

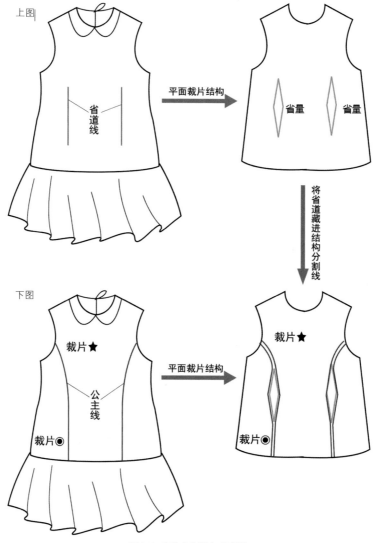

图4-3 童装分割线与省道线

二、省道线

省道线是为了实现服装贴体效果而采用的一种塑形手段。人体是曲面立体的，而布料是平面的，要使没有弹性或弹性不足的平面布料和人体完全贴合，就需将多余的量裁掉或是收省缝死。被剪掉或者缝死收进的部分就是省道的量（图4-3）。婴幼儿及中小童的身体特征是胸腰臀围差别不明显，而且童装一般不追求合体剪裁，所以省道线较少出现在童装设计中，只在大女童装和少女装中偶有展现。在一些传统的女童礼服裙中，也有单纯为了装饰，象征性收少量省道的做法，但更多是出于装饰的需要。

三、装饰线

服装是根据消费者审美需求形成的外化表现，除了功能性的需要，有时装饰性上的需求更加重要。所以，除了具有功能性需求的分割线和省道线之外，在服装造型中，以装饰属性为主的装饰线也不可或缺。童装造型中，以装饰属性为主的线条可以分为两种，一种是平面装饰线，另一种则是立体装饰线。

1. 平面装饰线

童装设计中的平面装饰线是指在童装产品上以贴缝、拼缝、包边或其他手法形成的以装饰为主的平面线条。如图4-4中通过色彩区分的黄蓝纺织线条和通过烫胶工艺加入的亮黄色双股装饰线，以及在衣领和裙摆处运用拼缝或压缝等手法装饰一周的白色线条。

2. 立体装饰线

童装设计中的立体装饰线大致有两种情况。第一种是线条本身具有立体效果，通过镶缝或贴缝等方式将立体的花边、流苏、五金材料以线的方式固定在预想的装饰部位。第二种则是褶皱线，它是通过褶皱、折叠、部分定位缝合等方法形成的具有空间感的线条状装饰效果。如图4-4中运用网纱或布料抽褶装饰的立体线条，或者运用羊毛材质拼缝的公主线，或者裤子边缘的黄色镶线装饰，都是非常普遍的立体装饰线。

平面装饰线　　　　　　　　　　　　　　立体装饰线

图4-4　童装装饰线

第三节 童装部件细节设计

童装的部件与细节虽然并不是童装中最大块面呈现的，却体现出童装的设计考究和品质精良。好的部件和工艺细节应该是能够兼顾功能性和审美需求的。童装中的部件及细节设计主要包括衣领（图4-5）、门襟、肩型、袖型、口袋等。

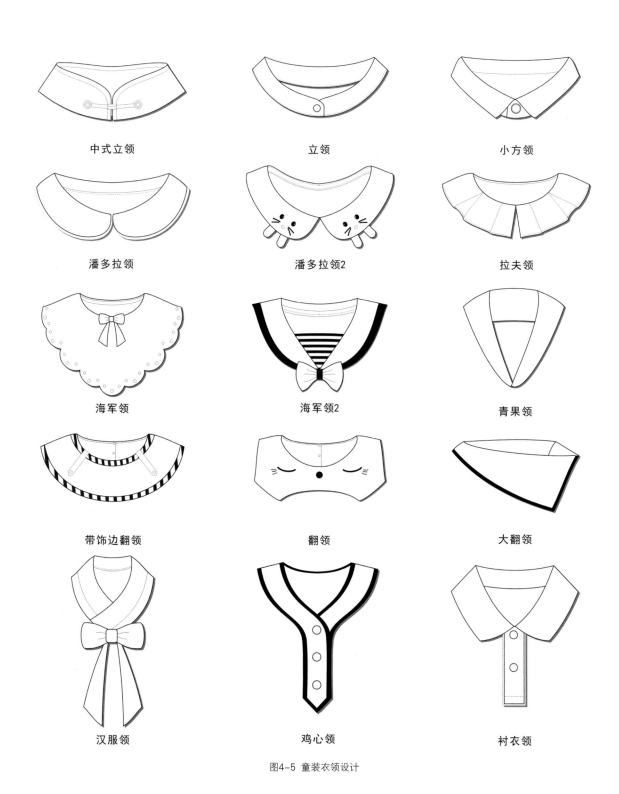

中式立领	立领	小方领
潘多拉领	潘多拉领2	拉夫领
海军领	海军领2	青果领
带饰边翻领	翻领	大翻领
汉服领	鸡心领	衬衣领

图4-5 童装衣领设计

一、衣领设计

衣领因和面部邻近，是最易吸引人们视线的部位，成为童装设计的重要区域。童装的衣领设计丰富多变，但基本形式主要有两种：一种是无领式，常见的有圆领口、鸡心领口、方领口、船型领口、一字领口等；另一种是有领式，包括连身出领和装领两种结构。连身出领是指从衣身裁片上延伸出来的领子，从外表看好似装领设计，但却没有装领设计中领子和衣身的连接线。装领设计主要有立领、翻领、驳领、平贴领等。当然，在童装设计中除了标准常规的领子设计外，在常规领型的基础上进行变形设计也是很常见的，比如在童装中屡见不鲜的海军领就是平贴领的变形。

二、门襟设计

门襟在上衣和裙装裤装中都有，上衣门襟的装饰性和功能性都很重要，下衣的门襟因穿着时多数会被遮盖，因此更多地重视其功能性。上衣的门襟因与领子连接，所以也是童装设计的重点部分。门襟的样式繁多，常见的有对襟（前开襟或后开襟）、偏襟、侧开襟、斜襟、大襟、方襟等。特别要说的是，在婴幼儿期乃至学龄前期的儿童上衣设计中，侧开襟是非常常见的款式。选择侧开襟作为这一时期童装门襟常见的样式，除了对于这一阶段幼童体型的考量外，

这样的设计穿着简单，一旦固定后不易脱落，简化了连排系扣子的步骤，便于家长为婴幼儿穿衣，这也是服装符合穿着者不同年龄阶段需要的一个重要体现。

三、肩型和袖型设计

肩型与袖型的设计连接紧密，相互影响。如果肩型结构确定下来，那么袖型结构也就确定了，变化只是在于袖子的长短和袖口的收放。按照肩部结构可将袖子种类分为插肩袖、装袖、连身袖。按照袖子的基本形态可概括分为直筒袖、收口袖、敞口袖三类。根据袖子的长度又可分为无袖、短袖、五分袖、七分袖、九分袖、长袖等。童装的袖子设计一定要注意实用性，袖口幅度较大会影响动作的自由；袖山处过高、造型夸张则可能会影响舒适感。对于幼童或小童来说，最为方便的袖口设计通常是具有弹性可收缩的款式（图4-6）。

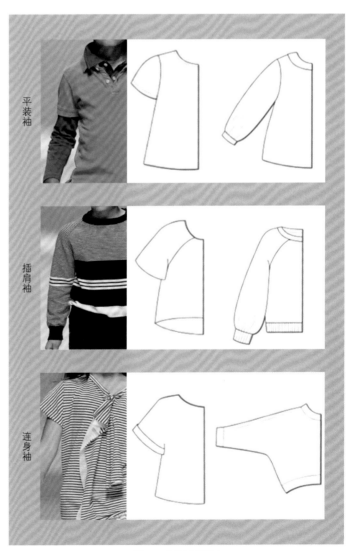

图4-6 童装袖型设计

四、口袋设计

因涉及到装饰性和功能性的需求，在童装设计中，口袋的设计绝对是一个亮点，可以通过撞色设计或者造型的变化增加童装的趣味性和观赏性，同时还能够满足小朋友的日常生活需求。童装的口袋设计包括袋口、袋型和袋饰的变化等。童装的口袋和成人衣袋一样可以根据其工艺结构分为插袋、挖袋、贴袋和组合袋，也可根据其目的分为真袋和假袋设计。特别要注意，幼、小童装设计中，贴袋和挖袋是相对常见的，这类口袋一般比较鲜明，具有一定的表现力，可以凸显出天真可爱的氛围，选择鲜艳的色彩和有趣的形状可以很快吸引儿童的注意力。随着年龄的增长，过于明确夸张的贴袋会逐渐减少，注重实用性的插袋和具有正式感的挖袋则更加常见于中、大童的服装设计中（图4-7）。

图4-7 童装口袋设计

第四节 经典童装单品款式设计

儿童服装款式一方面参照成人服装款式进行设计和呈现，另一方面也必须考虑到儿童自身的特点和需求进行儿童化、人性化的处理和调整。款式设计对于童装设计师来说是极具挑战性的，成熟的设计师能够在充分满足儿童功能性设计的同时，很好地表现出潮流趋势和设计感。关于童装的款式设计、具体注意细节和方法，需要我们落实到每一种单品中加以分析。

一、T恤衫及打底衫设计

儿童T恤衫（打底衫）因其舒适度和便利性在儿童服装单品中占有相当大的比例。儿童T恤衫按照季节不同，其材质和袖长有所变化，无袖的背心式在夏天是许多家长的首选，短袖圆领T恤衫是可外穿可内搭的百搭款式。秋冬天的中高领长袖针织T恤又可以满足保暖舒适的需要。有领式样的T恤相对来说更多的作为外搭单独搭配。在儿童的不同阶段，T恤衫一直是常备单品，男童的T恤除了图案上的变化外，拼接手法也比较常见，而女童T恤则可适当加入花边、荷叶边、蕾丝、珠片等辅料进行装饰和点缀，以凸显其设计感（图4-8）。

图4-8 童装T恤衫款式参考

二、衬衫设计

衬衫这一单品在成人服装中具有一定的正式感印象，而在童装中则不然，除了其固有的正式感之外，儿童衬衫较成人来说显得更加多元。童装正装衬衫与稚嫩、可爱的形象对比反而更加充满童趣，而休闲感的衬衫在花纹和色彩以及材质上都能够进行突破，增加其特点，以满足儿童和家长的心理需求。衬衫也是不少家长在春夏和春秋季节交替时为儿童所选择的最佳单品（图4-9）。

图4-9 童装衬衫款式参考

三、夹克及风衣设计

儿童夹克是最能体现出现代感和流行趋势的童装单品。不论是运动感十足的棒球夹克，还是酷感爆棚的机车夹克，亦或是凸显成熟感的西装夹克，都是童装单品中的潮流样式。另外，因其样式多样，且设计多为标准长度或短款，所以穿脱也十分方便，相较于女童来说，男童的选择余地更加广泛。而在童装单品种类中，风衣更多是因其功能性而被选择，随着面料科技的进步，风衣的作用除了防风外，还逐渐具有了高透气性、防紫外线等诸多其他效能。可以说，只要成人服装具有的功能，在童装领域也都有所延展（图4-10、图4-11）。

图4-10 童装风衣款式参考

图4-11 童装夹克款式参考

四、马甲、大衣、斗篷设计

马甲在成人服装中虽然也是固有的单品，但多少有些"配角"的感觉。而在童装中则刚好相反，马甲这一单品是童装中的热销款式。因其穿脱便利，可以恰到好处地依据天气或场合穿上或脱掉，能够满足灵活穿搭的需要而备受青睐。春秋季适合选择单层针织马甲或背心，而秋冬在室外选择羽绒服或大衣，室内则通过棉马甲或羽绒马甲为儿童进行保暖。此外，大衣和斗篷也都是秋冬季必不可少的儿童单品，大衣因其体积感较大，相对较少选用。另外，在进行儿童大衣设计时，一定要注意材质不宜过于沉重，过重材质的服装容易影响儿童穿着的舒适度，严重的甚至对儿童的成长起到阻碍作用。斗篷因其介于服装和披肩毯之间的属性也是秋冬常见的单品，另外，设计感较强的斗篷也是及有力提升时尚指数的童装单品（图4-12、图4-13）。

图4-12 童装大衣款式参考

图4-13 童装马甲款式参考

五、棉衣及羽绒服设计

棉衣和羽绒服都是冬季御寒的必备单品，各有优势。棉衣因其材质天然，亲肤度极高，曾经是许多家长的首选。但棉衣重量感过强，容易造成儿童活动的负担，相对而言，羽绒服则更加轻盈，保暖度也更高。然而，羽毛材质容易造成儿童皮肤过敏等问题，所以品牌在研究儿童羽绒服造型设计的同时，需要对于产品的材料安全和工艺水准严格把控，认真做好加工处理和产品质检，这样才能够在保证保暖的同时，让产品更加亲肤、安全，全方位地满足消费者需要（图4-14）。

图4-14 童装棉衣、羽绒服款式参考

六、连身装设计

连身款的童装单品中最常见的是连衣裙和背带裤。连衣裙是女童装品类中占比很高的一类，因其穿脱方便、结构简单，能够满足女童日常生活的需要，且款式多样，造型设计空间较大，易于表现出甜美、可爱的形象，备受家长和儿童青睐。背带裤也因其造型特别可爱、活泼而被家长广泛选择，多出现在幼、小童服装款式中。随着年龄的增长，背带裤穿脱的复杂性和不便利性逐渐显现，且大童阶段以后会有一部分着装者觉得背带裤过于幼稚，这种单品在年龄跨度上具有一定的局限（图4-15、图4-16）。

图4-15 童装连身装款式参考

图4-16 童装连衣裙款式参考

七、裤装、半身裙设计

　　相较于款式繁多的上衣，童装中下衣的种类相对较为固定，以裤装和半身裙为主。裤装设计时，除了考虑其审美需求之外，更重要的是其舒适度和健康方面的考量。通常，童装裤子对比成人裤装来说更加宽松舒适，多选择质地柔软、弹性佳的面料，不宜过于僵硬、紧绷。半身裙的设计虽然也具有多样的变化，但要掌握舒适的原则，不宜设计负担感强、细碎累赘的造型。在幼、小童裙装设计中，短裙出现的频率远高于长裙，这是因为儿童好动，且容易绊倒，所以为了避免行走不便和牵绊的危险，长裙的设计相对较少，如果是出于设计效果需要，长度为过膝、露出脚踝为宜（图4-17、图4-18）。

图4-17 童装裤装款式参考

图4-18 童装半身裙款式参考

八、针织服装设计

针织衫因其良好的弹性和柔软的质地，近年来成为许多童装品牌重点开发的童装款式，针织质地材料的可塑性也十分强，可以是套头，或是系扣开衫等。除了款式上的变化外，针织纱线的粗细也是针织童装设计的关键，运用不同的纱线和不同的织法可以实现不同的产品设计效果。在童装中，细线针织设计运用更加广泛，且易于被消费者接受。相较于粗线针织，细线针织的效果虽然较弱，但穿着感受更加舒适，所以更容易取得消费者的认可（图4-19）。

图4-19 童装针织衫款式参考

 习题：

※ 请运用课程所讲的款式设计内容进行一个系列童装（3～5套）款式图设计练习。

※ 请自选主题后分别根据主题完成童装领型、袖型、口袋设计练习各一组（6个款式），并且进行简要设计说明。

第五章 童装色彩设计

　　色彩是人们对于服装观感的第一印象，它具有极强的吸引力。一般来说，着重于色彩设计的服装，其款式相对趋于简单和平面。这一点与童装追求舒适、不做过分装饰的特性十分契合，所以色彩设计在童装中的使用也十分频繁。每一个色彩都有其对应的色相和色调，想要做好童装的色彩设计，除了要掌握色彩的基础知识，还要考虑到影响童装色彩的其他因素，例如儿童的性别、季节、年龄，以及着装的季节等。只有全面地考虑儿童特点和着装的环境等问题，才能够掌握其色彩设计规律，出色地把握产品的色彩。

第一节 色彩基础知识

一、色彩的三要素

色相、纯度和明度是色彩的三要素，要熟练地掌握色彩的特性并运用色彩进行童装设计，需要熟悉色彩三要素的概念。

色相（Hue），即各种色彩的相貌，是色彩最基本的属性，通过不同的色相可以把颜色的种类区分开来。色的产生是因光照射在物体上，形成不同波长的反射，从而使我们看到了不同的颜色。例如光谱色中的红、橙、黄、绿、青、蓝、紫是基本色相，而柠檬黄、深黄、土黄、橘黄等不同的黄色，则是从属于黄色系的特定色相。

纯度也称彩度或饱和度（Saturation），也可理解为色彩的纯净度。如图5-1中间饱和度项目以基本正红色相为例加入不同分量的灰色，其色相逐渐变灰、变暗的同时，以正红色为基本色来看颜色的饱和度也逐渐降低。改变色彩纯度的方法多样，如在基本色相中混合无彩色、其他有彩色，或者混入水加以稀释，都会降低色彩的饱和度（图5-1）。

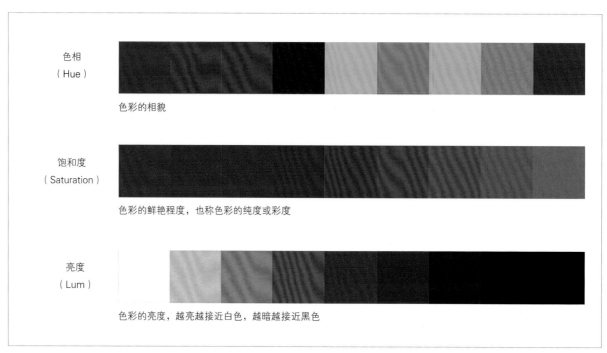

图5-1 色相、纯度（饱和度）、明度

明度也称为亮度（Lum），是色彩的明暗程度，以色彩中含有黑与白的分量加以区别。某色彩中含有白色愈多，则其明度愈高，而相反，某色彩中含有黑色愈多，则其明度愈低，如粉红为明度较高的红色，而深褐色则是红色中明度较低的。

色彩的三要素之间互相作用，从而产生出成千上万种不同的色彩。掌握色彩的三种属性有助于设计师更好地进行服装色彩的设计和呈现。

二、有彩色与无彩色

根据色彩的基本属性可将色彩分为两大类：无彩色和有彩色。黑色、白色及黑白色之间不同明度深浅变化的各种灰色都属于无彩色。而除了无彩色之外的其他颜色都属于有彩色，它以红、橙、黄、绿、青、蓝、紫为基本色。基本色之间不同颜色的混合，以及基本色与黑、白、灰之间不同颜色的混合，会产生成千上万的色彩。无彩色相对于有彩色来说，性质更加稳定、安静，而有彩色则更加多变、活跃。所以在成人服装中无彩色出现的频率要远远高于童装，童装设计中也常常能够看到以无彩色或灰色系作为底色，加以有彩色的点缀进行设计和创意的案例（图5-2）。

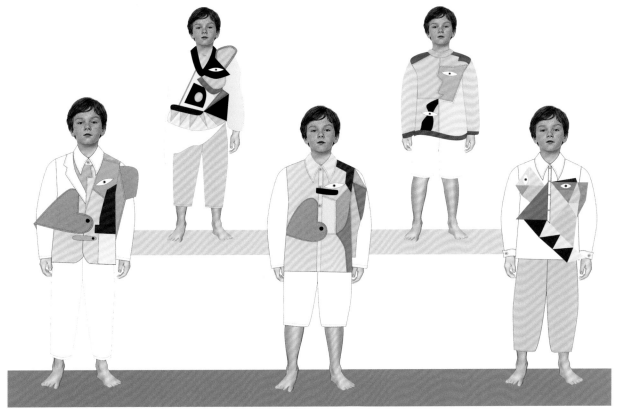

图5-2 无彩色与有彩色结合的童装设计

三、色调的分类

色调英译为"Tone"，其原意为语调、腔调。在色彩学中，色调指颜色外观的重要特征和基本倾向。关于色调的分类可以非常细化，本书中关于色调的分类参照目前国内统一的分法将色调分为四大类，分别为强色调、亮色调、灰色调和暗色调。

强色调是指基本色相饱和度最高的一类，包括鲜艳调（Vivid Tone）和强烈调（Strong Tone）。强色调视觉冲击力较强，适合表现大胆的、自由奔放、富有创意的形象，也常常作为服装的强调色小面积运用，突出服装的设计特点。

亮色调是指在基本色相中混合较多白色而表现出来的明亮色彩，包括淡色调（Pale Tone）、浅色调（Light Tone）、明亮调（Bright Tone）。亮色调的色彩适合表现出新鲜的、健康的、明快的形象。另外，在味觉方面，亮色系的颜色会给人以可口的、甜美的联想。所以在婴幼儿服装中亮色调色彩出现的频率相当高。

灰色调也可称浊色调，是指在基本色相中混入不同程度的黑色而形成的略显暗淡的色调，包括明灰调（Lightgrayish Tone）、柔调（Soft Tone）、灰调（Garyish Tone）、浊调（Dull Tone）、暗灰调（Darkgrayish Tone）。灰色调具有低调、沉着、冷静之感，是都市人所偏爱的具有一定自我保护色彩的色调，有时也可以表现出朦胧的浪漫主义效果。

暗色调是指基本色相中混入较多黑色的色调，以深调（Deep Tone）和暗调（Dark Tone)为主。暗色调给人忠诚度较高的印象，适合表达成熟和高级的形象，具有一定的重量感和厚重感，因此在秋冬服装设计中出现频率较高，相较于成人装来说，运用在童装中的比率偏低（图5-3、图5-4）。

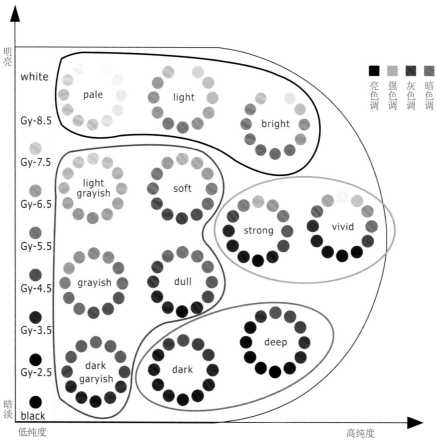

图5-3 色调分布

图5-4 不同色调的童装设计

第二节 色彩的心理感受

人们看到色彩时会有许多联想，这些联想可能基于这个人的生活环境、社会背景、文化教育、成长经历、时尚品位等不同因素，而这种对于颜色的认知和感受，除了个体的因素之外，也存在着共性。比如说春夏季节总让人联想到明净、清亮、妩媚、斑斓的色彩，而秋天则会联想到丰富、浓艳、厚重的色彩，冬天则会联想到灰暗、肃穆、冷寂的色彩。作为设计师，应该充分了解色彩给人的心理感受和联想，方可运用色彩的知识更好地表现设计，所以想要做好童装设计，童装色彩的心理感受是必须了解和学习的知识模块。

一、色彩的联想

不同的颜色会对人们形成不同的心理效应，设计师常常会利用色彩给人的心理感受来强化或者表达服装所要达到的视觉效果。不同的色相本身就会有不同的心理感受，比如红色代表着热情，同样也代表危险，而蓝色在代表理智和永恒的同时也表现出沉默和忧郁。不难看出每一种颜色都是复杂的，其所具有的联想和象征是多面的，既有正面的也有负面的，要想研究透彻，着实需要时间上的投入和专业上突破，本书将不同基础色的色彩联想总结（图5-5）。

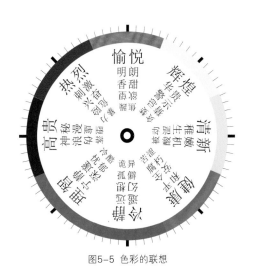

图5-5 色彩的联想

二、色彩的冷暖感

色彩给人的心理影响非常多样。根据色相在色环中的位置，也可以将其分为冷色、暖色和中性色。冷色主要以蓝色、蓝紫、蓝绿系为主，与之相对的红色、橙色、黄色系暖色则属于暖色。剩余的紫红色和绿色系则是中性色。需要

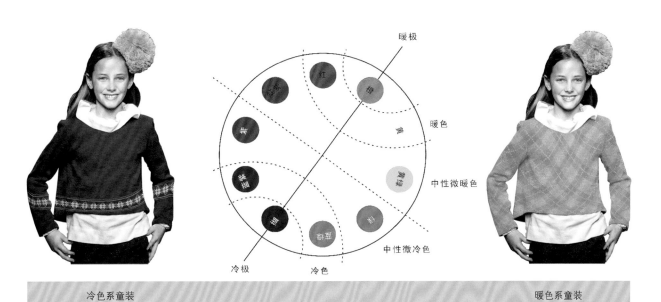

冷色系童装　　　　　　　　　　　　　　　　　　　　　　　　　暖色系童装

图5-6 色彩的冷与暖

注意，中性色虽然相对中立，但也存在着偏暖和偏冷的属性。一般越偏冷色系的颜色越能表现出理智冷静之感，在视觉上有收缩的效果，而暖色系则给人以活泼、明快、热情之感，视觉上具有扩张和膨胀效果，而中性色一般会表现出平和、宁静之感（图5-6）。

三、色彩的轻重感

色彩的轻重感与色彩的明度有最直接的关系，明度越高的颜色重量感越轻，明度越低的颜色感受则越沉重。色感较轻盈的色彩适合用在婴幼儿服装的设计中，反之则多用在大童和青少年的服装设计中（图5-7）。

四、色彩的软硬感

不同色调的色彩还会给人以不同的硬度感受，浅色调和灰色调的色彩因其纯度不高所以给人以柔软感，其次为明度较高的纯色，而颜色较为沉闷的暗色调因其颜色中混有较多稳定性高的黑色元素给人的感受偏硬。此外，纯度较高的强色调同样具有较强的坚硬感和冲击力。

五、色彩的兴奋和忧郁意象

纯度高的色彩和亮度高的色彩最具有兴奋感。反之，暗色调因其颜色较为深邃稳定，所以具有一定的忧郁感。另外，灰色调因色感黯淡且模糊，所以具有较强的忧郁感和宁静感。除了色彩本身外，色彩的数量、色块的大小变化和对比的效果等因素，均会影响到色彩兴奋和忧郁的心理感受。比如边界分明、角度明确的色块兴奋感强，而边界模糊、角度缓和形状的色块就更加沉静、忧郁。

轻且软的色彩　　　　　重且硬的色彩　　　　　兴奋的彩色印花　　　　　忧郁的迷彩印花

图5-7 色彩的轻与重、软与硬、兴奋与忧郁

第三节 童装配色

一、童装配色分类

所谓配色，就是把颜色按照一定规则摆放在适当的位置，以达到预期的视觉效果。如果说色彩是通过人对颜色的理解和印象来产生心理作用的，那么配色的作用就是通过改变色彩的空间位置、疏密程度和环境气氛来满足童装产品在功能和审美方面的需求。在童装设计中，色彩搭配样式十分广泛，服装色彩大多数时候不是单一呈现的，服装单品中不同色彩的搭配安排和多件单品搭配穿着所呈现出的色彩配合看似简单，仔细研究却能够找到其内在的规律和关联性。童装设计中的配色根据色彩对比强弱程度大致分为同类配色、邻近配色和对比配色三类。其中对比配色包括了色相环两端对比最为强烈的互补配色。

1. 同类配色

同类配色是指色相环上0°～30°以内的各种颜色搭配组合。比如明度不同的红色、红色与橙红色、红色与紫红色的配色组合。这样的搭配色彩差异较小，给人以稳定、简洁之感。通常会将同类色彩的色调进行调整和区别，以获得一定的变化和差异。如图5-8同类配色，图片中两个色彩都是红色，将上衣的红色明度提升，呈现出粉红色与红色的搭配，既维持了色彩的统一性，又使同色系色彩富于变化。

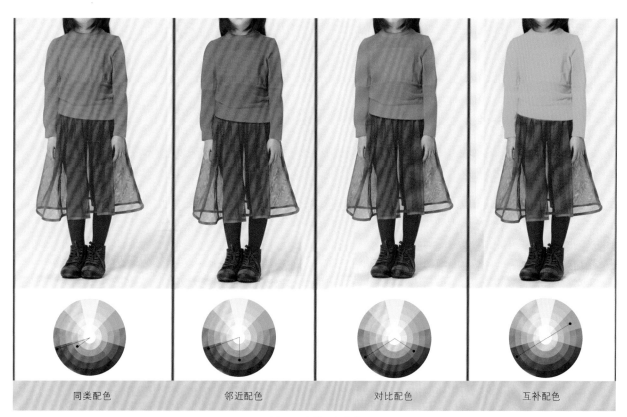

| 同类配色 | 邻近配色 | 对比配色 | 互补配色 |

图5-8 童装配色种类

2. 邻近配色

邻近配色是指色相环中组合搭配的各色彩均在30°～60°距离内的配色。比如红色与紫色、蓝色与紫色、蓝色与绿色等这类组合。这种配色在统一中有对比感，但颜色差异又不太强烈，所以具有和谐感的同时又不失活泼感，是比较容易达到较好效果的配色方式。

3. 对比配色

对比配色是指色相环中各色彩相差较远的配色组合，用于对比的色彩在色相环上的角度为60°～180°。这种配色多用于表达活泼、跳跃、大胆、夸张的设计，尤其角度在180°两端的一组颜色被称为互补配色，互补的两个颜色在一起时具有很强烈的视觉冲击力，很多时候童装运用互补配色表现小朋友的天真、自由、无拘无束和新奇大胆的形象。

除了以上所说的有彩色色相环上根据色相环位置所呈现的不同对比类型之外，无彩色与有彩之间以及无彩色之间的对比效果，主要根据明度差异大小来判定颜色间的对比强弱（图5-8）。

二、童装配色的调和

以上所说的童装配色是假设发生在所有颜色在同一色调内的情况，然而在生活中的色彩搭配中，色彩的变化是非常丰富多元的，它受到许多因素的影响，所以有时我们看到在色相环上呈现出180°的互补色相，搭配在一起时也并不像前述的那样对比强烈，究其原因可能是色彩搭配时的色彩调和。色彩调和无处不在，且具有一定的方法和规律可寻。如图5-9中原本对比强烈的绿色和红色，以几乎对等的方式共同搭配时，对比度的确强烈，然而将绿色的明度降低后与原本鲜艳的红色对比度就明显减弱了，如果再将整块大面积的绿色拆解成绿色和白色混合的花纹与强色调的红色对比也同样减弱了。这些方式就是利用了配色的调和效果改变了对比的强度。那么配色的调和有哪些方法呢？具体方法总结如下（图5-9）：

（1）通过改变色彩的明度或纯度，将某一种色彩或多种对比色彩的色调改变，使其达到色彩间效果的调和。

（2）通过将对比色彩的面积占比进行量的悬殊处理后，对比效果减弱，可达到调和的效果。

（3）将两块集中整体的对比色块中的某一块或所有色块的结构分散处理后，其色彩的密度降低，对比度也随之降低，可达到对比配色的调和。

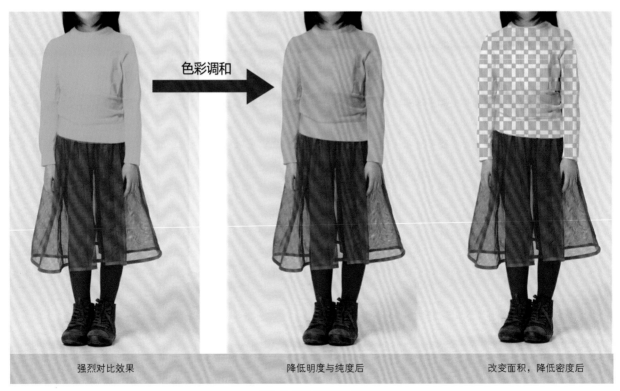

| 强烈对比效果 | 降低明度与纯度后 | 改变面积，降低密度后 |

图5-9 童装色彩搭配的调和

三、童装设计中常见的配色模式

除了根据色彩在色相环上所处位置进行分类配色的方式之外，在服装造型中，颜色搭配也有一些常见的模式值得参考。童装因其着装者的年龄跨度及心理变化大，在色彩搭配方法上多样，现将童装色彩搭配中常见的配色模式列举如下：

1. 对照配色模式

对照配色法是突出色彩之间均衡对比效果的色彩组合方式。最为常见的是儿童上衣与下衣色彩差异化的样式。如图5-10中，一套服装中的颜色一般为2～3种差异化较为明显的色彩，且因为颜色的比例趋于等量，所以撞色的冲突感强烈。对照配色法的特点就是颜色种类不宜过多，一般在三种颜色以内，色彩分量需要均等才能达到对照的效果。对照配色模式能较为明确地表现出儿童的活泼与天真性格特征，并且具有很强的视觉冲击力（图5-10）。

图5-10 对照配色模式的童装设计

2. 强调配色模式

强调配色法与对照配色法一样需要色彩间存在差异，不同点在于色彩量不是均等，而是具有明显的大小比例。这种方法通常会将小面积色彩作为强调色，大面积色彩则为背景色。强调色通常比较鲜艳跳跃、纯度较高，而背景色较为灰暗、稳定。这种方法既保证了配色的整体感，又避免了同类配色的沉闷和死板。强调的区域可根据设计师的需要灵活安排。有时是服装上的某个区块或部件，有时也可通过亮色的饰品与服装底色构成强调的配色效果（图5-11）。

3. 渐变配色模式

渐变配色法是指在童装中可以看到色彩之间相互逐渐变化的过程。渐变的方向可以是垂直的、水平的，或是以点为中心扩散的，色彩的变化可以是色调上的也可以是色相上的。渐变配色相对来说比较自然和谐，具有一定的规律。渐变可以是平面中色彩之间的，也可以通过服装的材质和结构加以实现，例如针织衫上跳色渐变的效果等（图5-12）。

图5-11 强调配色模式的童装设计

图5-12 渐变配色模式的童装设计

4. 分隔配色模式

分隔配色法是指在童装中将色彩分隔为不同的几何色块，并通过强调色块之间的差异和不同形状的对比来凸显出童装的设计效果。这种方法在男童装中出现的频率较高。几何色块之间可以有分隔线，也可以靠色块的边缘线将其分隔。有分隔线的情况时，分隔线多为暗色，如果各色块本身的对比度强，加入分隔线则可以减弱色块间的对比效果；反之，如果各色块原本的对比度较弱，加入分隔线则会增加色块间的对比效果（图5-13）。

图5-13 分隔配色模式的童装设计

5. 混合配色模式

混合法是指将多种色彩与元素打散后呈现在同一套服装上，其重点在于丰富多样、混乱无序的视觉效果，这种模式可以凸显出着装者独特的个性和强烈的艺术感。所谓的全色相配色也属于混合配色法。将多种色相堆砌在一套穿搭之中，凸显出其明确的色彩和纹样效果。特别要注意的是，混合配色法的设计一般不太受到潮流趋势的影响，最典型的例子就是民族风纹样在童装中的运用或与其他元素的叠加运用（图5-14）。

图5-14 混合配色模式的童装设计

第四节 系列童装设计案例（色彩）

在童装设计作品中以色彩为出发点展开设计的案例屡见不鲜，这类童装设计作品容易给人以深刻的印象，所以童装设计师尤其需要有敏锐的色彩感觉。为了能够更加全面地帮助读者理解如何从色彩入手进行童装设计构思，特结合以下案例分析讲解：

案例一：设计师郑洁宜作品《Honey Sugar》（图5-15）

1. 主题选定

设计师将自己的目光和记忆放置在童年时光，糖果的五彩缤纷对于孩子来说总有强大的吸引力，对于许多人来说，童年的记忆可能是某种糖果的味道，通过视觉而延续到味觉，通过主题的选定，轻而易举地拉近了距离，唤起了共鸣。该选题并不高深难懂，却非常贴近儿童的年龄特点。

2. 设计说明

整个系列的核心设计点在于五彩的印花图案与纯色靛蓝的搭配模式，另外将糖浆融化时的形态融入到服装的款式中，进行了恰到好处的点缀，可以说是核心元素复合使用的较好案例。服装的配色和款式并没有刻意地强化小女孩的甜美，但在休闲感中隐约让人感受到淡淡的甜美元素，足可看出设计者的用心。

款式设计方面，除了形态上的塑造和裁片的平面拼缝外，并没有复杂的款式结构和空间变化，这也恰巧符合了童装设计的需要，切忌过于复杂和夸张的空间感，以免降低童装的实用性和可穿性，系列的核心元素明确，气孔和拉链等流行元素的运用也增加了系列服装的时尚感，而手缝锁边针法和水滴设计的重叠使用让服装增添了儿童的单纯性格和手作的温暖质感。

图5-15-1《Honey Sugar》概念板

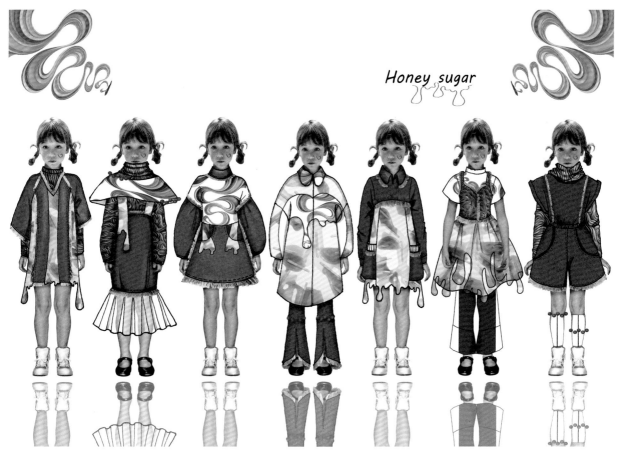

图5-15-2《Honey Sugar》效果图

图5-15-3《Honey Sugar》款式图

案例二：设计师邱子萱作品《混合信号》（图5-16）

1. 主题选定

作者的选题从科技促进人类交流开始，而交流的前提是发出信号，各种各样的信号刚好与色彩的斑斓结合，将其从可视化的角度加以解读，最终表现在该系列的童装作品中，而色彩和工装款式的结合让观者感受到前卫时尚的同时也看到了儿童的活泼可爱。

2. 设计说明

该系列的设计看点主要是不同色彩的叠加和组合，这代表了信号的交流和传达，而充满科技感的线路板仪表盘印花也很好地展现了设计者的想象力和构造气氛的能力。最后运用工装款式将这一系列设计元素贯穿起来，既满足了设计所需要的未来感，又形成了与可爱风格的反差感。

图 5-16-1《混合信号》概念板

图 5-16-2《混合信号》效果图

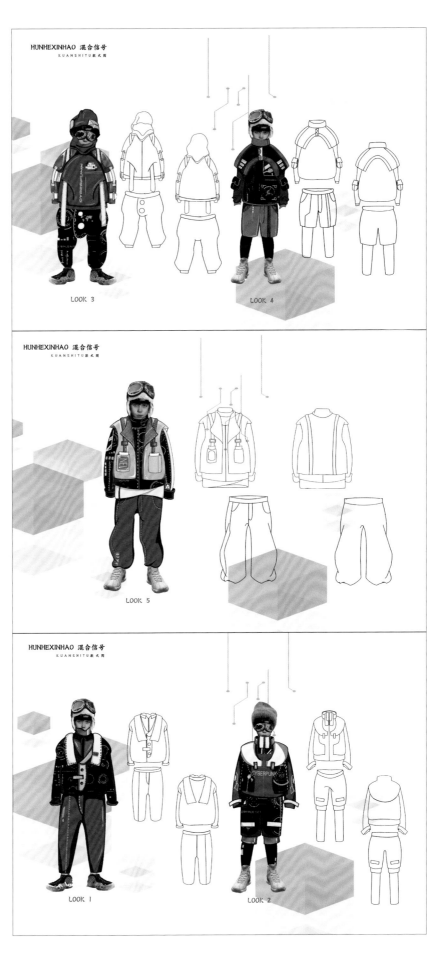

图 5-16-3《混合信号》款式图

👉 习题：

※ 请思考性别因素和年龄因素对于童装色彩设计有怎样的影响。

※ 请思考运用什么样的方式可以让无彩色童装也表现出儿童的活泼感。

※ 请根据童装设计常见的五种配色方法收集相关童装色彩设计图片，每个方法五张图片以上，运用电脑或杂志剪贴呈现在A4画面中，并加以适当的文字说明。

※ 通过色彩填涂的方式，以下图中小女孩的连衣裙为基本单品，分别表现出童装设计中常见的五种配色方法表现效果。

课堂作业案例

儿童服装填色模板

强调配色法 作业案例

混合配色法 作业案例

图案是童装设计中的主要设计元素。从认知特点来看，图案元素通常比较直观和具体，容易吸引儿童的注意力，满足其好奇心，提升服装的趣味性和观赏性；从生产的角度看，图案在服装上的实现较为平面简单，适合运用在结构简单化、舒适性强的基本款上，这也与童装的设计需求相符。对于图案的探讨，可以从图案的分类、应用原则、表现手法等方面深入探讨。

第一节 童装图案的分类

童装设计中图案的分类可以从图案的形态、构图、关联性、维度等多个角度展开分析。

一、按图案形态分类

按照图案形态分类，可以将童装图案形态总体分为具象型、抽象型两类（图6-1）。

1. 具象型图案

具象型图案是指图案表现的是在现实生活中可见的具体而明确的题材及人们具有共同认知的形象。大致可分为仿生类图案（豹纹、孔雀羽毛）、实拍图片（动物、植物、人物、交通工具、生活用品）、约定符号（字母、文字、卡通形象）、写实绘画作品等。运用具象型图案进行设计，通常是以图案题材为设计的主体，明确地表达设计的意图和内容。留给观者的想象空间较少，但容易引起共鸣和认同。这一类图案在中幼、小童装设计中占有主导性地位，且因考虑对于儿童形象的审美认同和对于儿童心理的教育意义需求，童装设计中的具象型图案往往具有活泼可爱、灵动乖巧等与儿童心理相符的风格趋向（图6-2）。

具象写实的熊造型图案　　　抽象变形的熊造型图案

图6-1 具象图案与抽象图案的对比

写实图案　　　　　专有标识　　　　　特定形象　　　　　字母文字

图6-2 童装设计中的具象图案

2. 抽象型图案

抽象型图案是没有客观存在的参考或者将客观存在的物象通过分解、打乱、重组、混合、再造等手法创造成的新图案。抽象图案可以是与现实生活完全脱离的形象表达，也可以是将现实物象通过写意表现手法进行变形和概括而形成的，注重其感觉的延续，可意会不可言传。这种图像自由、无序，注重感觉和情绪的表达，运用得当能让人感觉到某种强烈的震撼力（图6-3～图6-5）。在童装设计中主要表现为几何形态、随意肌理、形象再生（将形象进行颠覆性的再创作）等方式。

图6-3 童装设计中的抽象图案

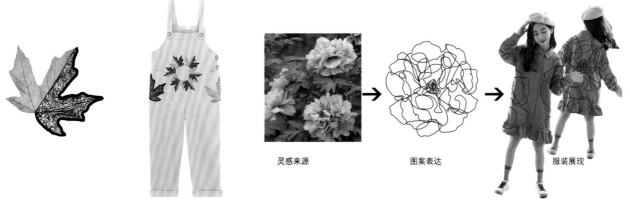

灵感来源　　　　　　图案表达　　　　　　服装展现

图6-4 抽象化处理的叶子图案　　　　　　　图6-5 花朵图案的抽象化运用

二、按构图样式分类

时装图案的构图可根据设计需要灵活变化，现将构图的样式进行以下分类（图6-6）：

1. 主体式构图

主体式构图是指在童装单品的平面上只有一个主要图案的构图方式，周围留有一定的空白空间。这种构图的效果多用于强调图案本身的性质和个性，比如儿童T恤衫常常会在正中只印刷某个动画形象，而这种产品的售出大部分是因为购买者对于该动画形象的认同和喜爱。

主题式构图　　　　残缺式构图　　　　齐排式构图　　　　错位式构图　　　　满铺式构图

图6-6 童装图案构图样式

2. 残缺式构图

残缺式构图是指在服装中只出现图案的部分内容，该图案余下的部分空白或者跨到服装的侧面或背面。这种构图方式可将联想的空间留给观者，让图案更显灵动、有趣，从而凸显出儿童天真俏皮、古灵精怪的天性。

3. 齐排式构图

齐排式构图是指两个及两个以上的图案按照一定的轨迹整齐划一地排列，比如在服装左右两侧对称排列，又或者在服装的衣襟、底摆等处按统一的距离重复同样的一排图案。这种排列方式给人以平衡、和谐的美感，适合用在一些大方、简洁的童装款式之中。

4. 错位式构图

错位式构图包括位置错位和图案体量变化错位，位置错位是指两个以上的图案没有规律性地排列；体量变化形成的图案错位是指图案的大小有所不同，所以摆放在同一画面里有错位之感。错位构图富于变化，可根据服装的需要和设计的意图灵活调整构图的效果，从而表达出不一样的心理感受。

5. 满铺式构图

满铺式构图是指将图案以不同单元的样式填满服装单品整片空间。这种构图如果将图案单元重复使用则会有规整大方之感，如果将不同图案满铺构图则容易显得活泼轻松。不论以上哪种情况，都弱化了图案本身的性格和存在感，而是将图案变成了一种服装裁片上的填充。这种做法常见的样式是将图形或者品牌标志作为单元图案使用。

三、按关联性分类

1. 独立图案

童装设计中的独立图案是指图案单独存在，如果是系列设计或是某一批次的产品开发中的独立图案，则该图案与其他图案元素无连接性，这种情况在现代童装产品中偶有出现，比如为了符合当下热点形象，在一系列产品中选择一个款式，专门做这一热点形象的图案产品，或者在纯色设计中选择某一品牌的单一商标图案，作为童装上的设计点。

2. 系列图案

系列图案是指两个以上的图案之间具有某种关联性的图案组合。比如将某个图案进行拆解后，按照不同的组合方式加以呈现，如图6-7中云朵系列婴儿服图案；或者多个图案来自于同一个场景或者同一主题故事，如图6-7中超级飞侠系列家居服图案，并且这些图案不论内容相同与否，从属性、风格、表现手法等方面总可以达到统一的效果，也就是我们所说的这些图片具有系列感觉（图6-7～图6-9）。

超级飞侠系列图案家居服   云朵系列图案婴儿服

图6-7 童装中的系列图案设计

元素灵感

犀鸟介绍

　　犀鸟是一种珍贵而又漂亮的鸟类，它们选择在天然大树洞里孵卵，当雌鸟产完卵后，就卧在树洞里孵卵，雄鸟衔泥将洞口封团，只留一个投食的小孔，在雌鸟卧巢孵卵期间，全由雄鸟衔食从小孔中给雌鸟喂食，直到孵出的雏鸟羽毛长齐。雄鸟每天远寻近觅，劳碌奔波于森林与"家庭"之间，把获得的食物喂进雌鸟和雏鸟的嘴里。雄鸟白天忙，夜晚还要栖息在洞外树上，站岗放哨，警惕妻儿受到敌人的侵害。

　　待幼鸟羽毛丰满，雌雄鸟才破洞团聚，并共同带领小鸟练飞觅食，一对犀鸟中，如有一只死去，另一只绝不会苟且偷生或另寻新欢，而是在忧伤中绝食而亡，故被人誉为"钟情鸟"，被非洲土著居民誉为爱情贞洁的象征。

灵感与配色 2

颜色拾取分析

Pantone 214 PC

Pantone 1665 PC

Pantone 2905 PC

Pantone 1925 PC

Pantone 200 PC

Pantone 637 PC

Pantone 2995 PC

Pantone 389 PC

Pantone 368 PC

Pantone 375 PC

Pantone 389 PC

Pantone 7404 PC

Pantone 2758 PC

Pantone 7406 PC

Pantone 2767 PC

Pantone 7409 PC

Pantone black 6 PC

灵感与配色 3

拟定主要配色方案

Pantone 214 PC

Pantone 2905 PC

Pantone 637 PC

Pantone 2758 PC

Pantone 1665 PC

Pantone 368 PC

图6-8 图案设计灵感与配色

图案制作分析

分析得出犀鸟的特征主要表现在嘴部，冠部两部分，嘴部所占整个身体的比例较大，颜色鲜艳夺目，是标志性的特征，与其他鸟类相比，盔犀鸟的头冠同样是比较特别的，只有盔犀鸟才有的特征。

1. 图案线稿

2. 图案颜色定稿

灵感与配色 4 3. 填充图案样式设计

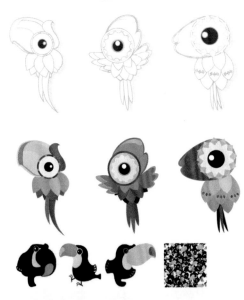

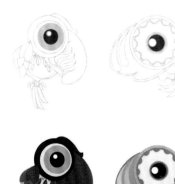

在白纸上绘制好快乐犀鸟系列的图案，扫描进入电脑后用 Adobe Illustrator 将其勾勒出来并且赋予拟定好的 pantone 专色，pantone 的运用方便之后的打板与生产。羽毛保留特征改变颜色，尽可能小的控制效果图与实物的偏差。

图6-9 图案设计和成衣表达

（作者：莫燕熹）

四、按空间层次分类

1. 平面图案

童装中的平面图案主要是通过印染、织花、彩绘等手法实现，触觉感受平整的图案。因其能直观到位地表现出服装所要呈现的内容和氛围，加上实现起来工艺难度和成本都相对较低，所以平面图案设计是大部分设计师的首选。有时候，一个好的平面图案足以传达出服装要表现的效果。

2. 非平面图案

除了平面图案，还有一些图案具有一定的立体感，例如通过刺绣、贴缝、填充、增减服装结构等手法，从视觉和触觉上营造出立体效果或半立体效果的图案。在童装中立体图案和半立体图案的张力相较同程度的平面图案更加强烈，趣味性和创意性的体现都更具优势。所以这种平面与立体结合的图案也是童装设计中相对常见的手法，通过将图案与服装结构巧妙地结合能够凸显出小朋友的活泼感和新奇感，增加其对于图案的兴趣和好奇心。完全立体的图案因需要一定的空间，所以在运用其进行设计表达时，应考虑其对于穿着感受的影响程度（图6-10）。

图6-10 童装设计中的非平面图案

五、童装设计常见纹样

纹样和图案的概念有所区别。图案是通过设计而呈现出来的图形，而纹样是指具有装饰性的、约定俗成的程式化的图形通过一定的规制所呈现出来的一定面积效果。在童装设计中，纹样的运用也非常广泛，比如格纹、条纹、波点、植物纹等都很常见，我国传统文化中也有许多固有纹样广泛地运用在现代童装中，比如说回字纹、云纹、海浪纹、八角星纹等（表6-1）。

表6-1 童装中常见纹样整理

纹样种类	实物例图	特性
格纹		童装常见的格纹有苏格兰格纹、千鸟格纹、双色方格纹等。格纹普遍给人以严谨、庄重、大方的感受。色彩对比强烈的格纹则显得年轻富有活力。在学院风格和复古风格的童装设计中，格纹元素的运用十分普遍
条纹		条纹在不同年龄段的童装中都比较常见，细窄不明显的条纹具有优雅、严谨之感，而宽大明快的条纹则具有轻松、随意之感。条纹这类几何纹样运用不当则会有古板乏味之感，故在童装设计中常见到在条纹或格纹中加入其他点状图案加以调和
点状纹样		点状纹样在童装设计中也很多，除了常规的波点外，仿生点纹（豹纹、斑点）、爱心图案点、星形纹样等都是设计师所钟爱的元素。点纹具有活泼、多变、灵动、随意、亲切、平和、律动等不同的心理感受，与童装产品的定位十分贴合
植物纹样		童装设计中的植物纹样最主要用于休闲度假风格、自然田园风格等春夏季童装产品中。纹样的种类以叶子纹样、碎花纹样、藤蔓纹样等居多，主要表现出自然、轻松、平和、宁静的着装感受
传统纹样		童装设计中常见的传统纹样主要有祥云纹、海浪纹、龙纹、如意纹、回字纹、万字纹、鱼鳞纹、八角星纹（也称雪花纹）等。传统纹样均有其特别的性格和传统的象征寓意。以前传统纹样主要出现在中式传统童装中，而现代童装设计中越来越多的设计师将传统纹样进行了符号化处理，使其呈现出具有现代感和流行性的样貌

因童装需要展现与儿童年龄相符合的形象，所以在纹样设计中，有一部分固有纹样相对略显成熟和古板，于是在童装中常常见到纹样与图案结合的做法，这样的童装更符合儿童阶段无忧无虑、精彩多变的性格特征（图6-11）。

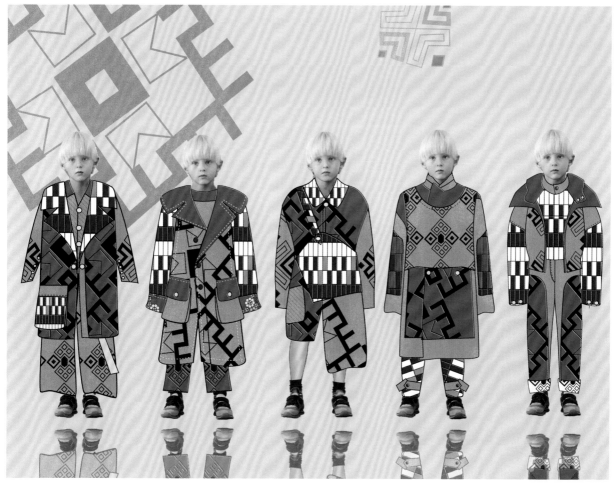

图6-11　童装设计中的传统几何纹样（作者：陈琳）

第二节　童装图案设计原则

　　因儿童属于特殊的群体，故在童装中图案的运用必须要考虑其自身的特点，除此之外，还需要结合服装款式结构、风格、实用价值等各方面的要素。童装图案的设计原则总结如下：

一、符合穿着主体的特点

　　服装设计应是以人为本的艺术，在服装设计中穿着主体是必须考量的重要因素，儿童因其不同成长阶段的身心变化较大，所以图案的设计表达也应该考虑到儿童的年龄、性别、喜好等各方面的特点。婴幼儿阶段童装的图案多以乖巧可爱为主，简化的图形、可爱的形象及柔和的色彩符合婴幼儿的性格发展需要。学龄前儿童服装的图案中性别的概念逐渐显现，图案的主题更多地出现了热门的卡通形象，除了部分跨越性别的形象之外，男女童装图案设计所使用的卡通形象也开始有所区别，除了注重图案的观赏性之外也有一些具有教育意义的图案被广泛使用。学龄期童装图案性别概念更加明确，色彩也从原本的亮色逐渐转变。一些休闲元素简单大方的图形及纹样随着儿童的成长慢慢取代一部分卡通图案。到了青少年期，服装图案以纹样和字母等具有休闲感、成熟感的题材为主，且受到青年服装流行元素的同化和影响，变得简洁并个性鲜明，充满朝气和活力。图案作为童装设计中不可代替的设计看点，需要符合穿着者不同年龄阶段和个性化的心理需求。图案的性别感的体现是不可忽略的，女童多用甜美的暖色体现甜美形象，比如花朵、爱心、甜美可人的小动物等题材，而男童则更多的使用机器人、恐龙和较为勇猛的动物形象，烘托出男孩的勇敢、帅气特质（图6-12）。

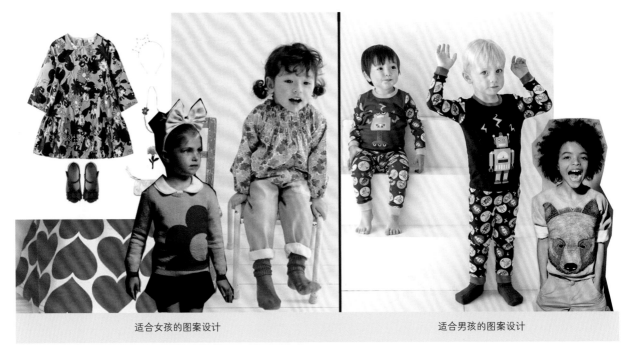

适合女孩的图案设计　　　　　　　　　　　　适合男孩的图案设计

图6-12 符合性别的图案设计

二、符合服装款式的需要

图案以服装款式为载体，服装的款式就好比画作的画框，在款式的空间里，图案该如何排列才能取得最佳的效果？这是设计师必须要思考的问题。比如平面空间较大的服装款式适合线条复杂、色彩丰富、面积较大的图案，而裁片较多的童装款式，因其款式复杂，块面相对较零碎，故图案一般色彩素净、线条简单，在裁片的边缘或拼接处进行小面积点缀即可，反之可能会造成款式结构和图案互相妨碍的结果。有经验的设计师可以将图案的位置、分量、色彩等因素拿捏得恰到好处，让整件单品在观感上和谐而不乏味，丰富而不混乱。

三、符合服装风格的调性

图案除了要与服装款式结构相得益彰之外，还必须考虑是否与服装的设计风格相符。比如在自然田园风格的服装上加入植物图案装饰就更为妥当，如果加入机器人或未来感的图案，则很难达到感觉上的统一与调和。作为童装重要设计元素的图案，在与其他因素保持和谐统一的前提下，才能实现装饰意义，并以相应的风格面貌对服装整体风格起到渲染、辅助的装饰作用（图6-13）。

图6-13 符合服装风格调性的服装设计

四、遵循图案的自身特质

图案本身也有其独特的个性，根据其所表达的内容和题材，应该使用适合的技术和工艺进行表达。设计并不是简单的创作判断，而是在客观基础上，在诸多可能性中，做出最恰当的安排。比如，从材料和工艺特点上来看，各种材料和工艺手法都有特定的属性和"表情"。以刺绣表现图案为例，传统刺绣能够强调精致的手工、贵气和优雅的效果；贴布绣则可展现出休闲、可爱、具有趣味的形象；珠绣则能反映出图案的优雅浪漫、精细繁复的工艺效果。使工艺手法表现的特质与图案内容性格相吻合是非常必要的，如图6-14为线条密集的传统醒狮改良造型图案，运用细密的机绣

图6-14 遵循图案特质的设计

就能烘托出其精致传统的韵味，而兔子造型简单直白，运用贴布手法进行表达，不但符合其图案本身的性质，更增加了几分俏皮和童真。

五、增加服装的附加价值

从审美的角度来看，在童装设计中加入图案元素的目的是提升其自身的美感，强调童装单品中图案的内容和属性，从产品销售的角度来看，在童装单品中增加图案设计元素是为了增加服装销量和价值，获取消费者的青睐。因此，如果所选择的图案放在童装产品中反倒拉低了童装单品本身的价值，那么无疑是失败的设计。在进行童装单品设计时，设计师在图案的选择和用法上需要反复斟酌，才能取得较好的设计效果，增加售出的机会。

第三节 系列童装设计案例（图案）

从某些角度来看，在设计行业中，初期学习最好的方式就是模仿和借鉴。通过前面关于童装图案分类和图案特点的归纳和整理，学习者对于童装中出现的图案设计有了初步的概念。本节选择了以图案设计为主的童装案例进行分析，方案分别为第四届"织里杯"童装设计大赛金奖作品《数学好难！》，以及"世贸·童衣巨汇"首届童装设计师邀请赛新锐设计师获奖作品《蒙德里安的猜想》。希望帮助读者加深理解，通过案例的展示和分析获得启发。

案例一：设计师林建峰作品《数学好难！》（图6-15）

图6-15-1 《数学好难！》效果图

1. 主题选定

选题来自于设计师儿时的记忆。儿时对于数学这一学科的困扰和烦恼成为了整个系列的灵感来源，想必会引起不少人的共鸣，此种选题往往在一开始就拉近了与观者之间的距离，可以说在开始就成功了一半。本系列中通过数学符号和数学公式的印花，简单明确地将学生时代的学习常态和小小烦恼统统装进了服装设计效果图中。

2. 设计说明

该系列运用数学符号以及数学数列为元素进行印花，结合具有现代时尚感的款式，将两者进行恰到好处的结合，既满足了成人角度的时尚感，又照顾到儿童角度的趣味性，不失为一个十分完整、合理、具有市场潜力的童装设计案例。从单品丰富度的安排、每个款式细节的展现和把控，以及图案的运用手法上，可见设计师对于市场化和设计感平衡性的成熟把握和设计功力。

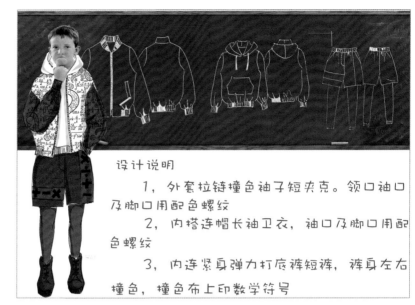

设计说明

1，外套拉链撞色袖子短夹克。领口袖口及脚口用配色螺纹

2，内搭连帽长袖卫衣，袖口及脚口用配色螺纹

3，内连紧身弹力打底裤短裤，裤身左右撞色，撞色布上印数学符号

图6-15-2《数学好难!》款式1

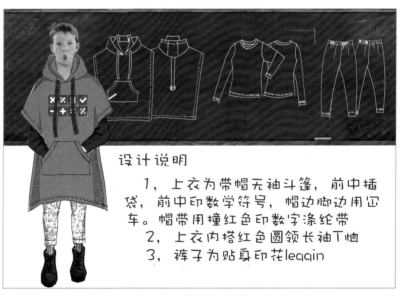

设计说明

1，上衣为带帽无袖斗篷，前中插袋，前中印数学符号，帽边脚边用止车。帽带用撞红色印数字涤纶带

2，上衣内搭红色圆领长袖T恤

3，裤子为贴身印花leggin

图6-15-3《数学好难!》款式2

设计说明

1，外衣拉链连帽长袖长夹克，面身用涤棉印花，袖口及脚口用橡筋，前中位贴胶印数学符号。帽里撞红色

2，内配白色长袖衬衫

3，裤子为红色弹力棉窄脚8分裤

图6-15-4《数学好难!》款式3

设计说明

1，上衣用红色全棉做连帽套头卫衣，帽中装拉链。袖口脚口用配色螺纹。袖中有撞色布拼，撞色布上印数字符号

2，背带短裤，全件用全棉印数字符号面料。背带用印数字涤纶带，前用D字扣。腰头及口袋位开风眼，钉四合纽

图6-15-5《数学好难!》款式4

设计说明

1，外穿短袖印花棉T恤，领口及脚边用配色螺纹，肩部加撞色色带，带口定D字扣

2，上衣内搭白色基本款长袖棉衬衫

3，7分卷脚窄脚裤，棉质条子面料，前左侧加红色印花图案带。后橡筋腰头，前中开拉链

图6-15-6《数学好难!》款式5

图6-15-7《数学好难!》实物图

1. 主题选定

设计方案主题可以是由组织者拟定的，也可以是设计师有感而发自行选定的，这根据你做设计的目的有所不同。而设计的灵感和概念是多种多样的，它可以来自于艺术文化、社会生活、时代元素等。本案例将主题选定为蒙德里安格子与人物肖像和现代卡通形象的一次混搭，将蒙德里安格子的色彩和块面填充到肖像和小黄人的块面中，找到其共同的特点，呈现出古典艺术与现代生活元素的重叠景象，凸显出儿童世界的缤纷色彩和丰富想象力。

2. 设计说明

因该系列的核心在于童装图案重组和经典色彩的设计组合，于是在款式上相对变化较少，均选择平面为主的实用款式来构建整个服装系列，通过对于图案和纹样的搭配，以及不同部位使用来强化每一套的亮点，图案疏密有度地将系列服装的节奏表达得恰到好处。

款式包括了衬衫、针织打底衫、长短外套、裙装、裤装等多样化的单品，这样多单品的组合可以减少整个系列只做图案设计的单调和乏味。另外，通过单品不同组合搭配，可以弥补款式上略微缺乏的设计感，将单品拆分看又能够兼顾童装的实用性。

2017-2018童装主题灵感流行趋势预案

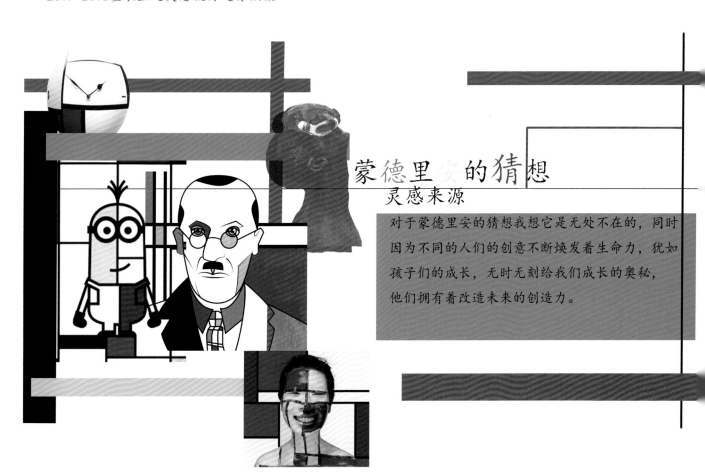

对于蒙德里安的猜想我想它是无处不在的，同时因为不同的人们的创意不断焕发着生命力，犹如孩子们的成长，无时无刻给我们成长的奥秘，他们拥有着改造未来的创造力。

图6-16-1《蒙德里安的猜想》概念板

蒙德里安的猜想

图6-16-2《蒙德里安的猜想》效果图

2017-2018童装款式灵感流行趋势预案

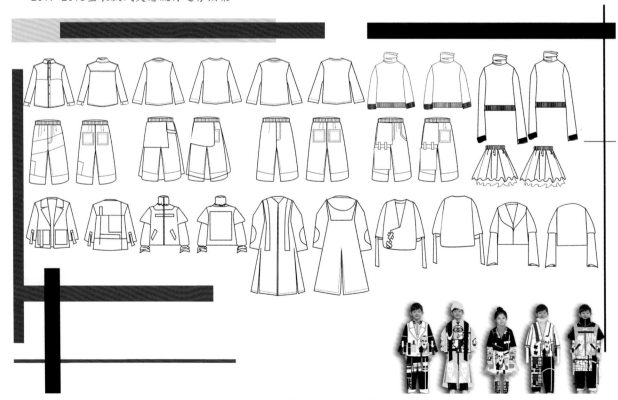

图6-16-3《蒙德里安的猜想》款式图

1. 主题选定

该系列设计选题取自《左江花山岩画文化景观》，它是中国战国至东汉绘制在崖壁上的图画，作者根据岩画的图案对其进行整理和重组，最终将其表现在现代化的童装款式上。

2. 设计说明

该系列主题虽然选择的是古老的岩壁绘画，却呈现出了十分潮流实穿的童装系列设计作品，颜色方面采用了岩画原有的充满沧桑感的具有变化韵味的棕褐色，配合以简单干净的白色和牛仔材质更加凸显了潮流感。另外，图案的使用运用了多种构图方式贯穿于整个系列之中，很好地平衡了灵感源和款式之间的关系。

图6-17-1《一起去考古》综合概念板

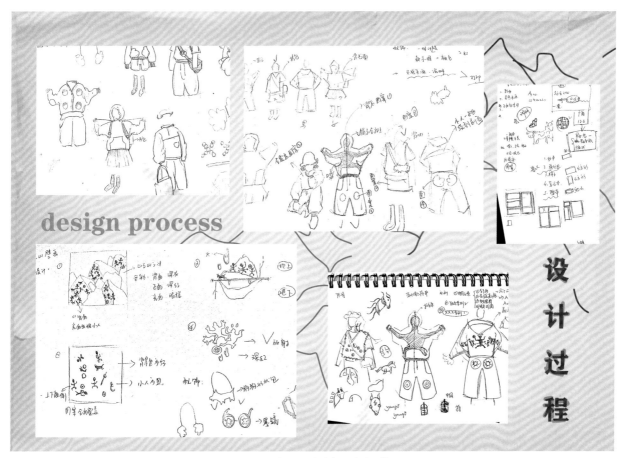

图6-17-2《一起去考古》设计过程草图

图6-17-3《一起去考古》效果图

图6-17-4《一起去考古》款式图

☞ 习题：

※ 请举例说明童装设计中具象图案与抽象图案的差异及特点。

※ 请尝试结合所掌握的资料总结童装设计中图案的运用手法及方式。

※ 请自拟主题，以图案设计为核心完成一系列（3～5套）童装设计。

第七章 童装面料设计

　　面料是服装设计中质感的体现，它和穿着者最亲密地接触，面料的触感也最为直接地反映服装的舒适度和安全性，而这些感受是儿童着装感受的重点。儿童成长的周期变化、环境和季节的变化等都是影响童装面料选择的重要因素。总的来说对于面料的安全和舒适度的要求在婴幼儿时期最高，随着年龄的增长逐渐趋于常规。秋冬童装面料既要保证其保暖性和柔软度，还要注意穿着时的重量感，过于厚重的面料会增加儿童活动的负担，甚至阻碍其健康成长。加之考虑到儿童皮肤敏感、活泼好动、生活场景愈发多样化等现实因素，儿童面料的选择和设计对于设计师来说是一门要在长久的工作中不断积累经验的学问。辅料在服装组成中扮演着辅助的角色，它使童装更加完善合理。常用的童装辅料有缝纫线、按扣、纽扣、织带、拉链、花边等。在童装设计领域，不论是辅料还是面料，最基本的原则是安全和舒适。

第一节 各年龄阶段童装面料的选用原则

婴儿装多选用纯棉针织面料，因纯棉具有温暖、柔和、透气性好的特点，且针织纯棉面料具有一定的伸缩性，便于家长为身体柔软脆弱的婴儿进行穿脱。所以婴幼儿阶段的服装多以纯棉材质为主。色彩上侧重于浅淡，一来避免了浓重色彩过多使用染色剂，二来因为婴儿服装要保持洁净，浅淡的色彩便于家长通过视觉发现污渍及时处理和清洗。辅料方面，婴儿服装多用系带、按扣等方式进行固定，偶尔也有使用扁平纽扣的款式。如果用系带方式，要注意长度要适中，切忌过长而缠绕婴儿，阻碍其活动。如果是纽扣，除了形态要平伏之外，材质一定要环保安全，扣子钉缝要牢固，以避免婴儿误食。如果是按扣，要尽量选择树脂或塑料质感，金属质感贴肤会造成一定的不适感。

幼儿装的材质较婴儿装的选择余地多，面料色彩也变得更加丰富，这个阶段的儿童对于色彩有一定的认知能力，家长通常会根据儿童的喜好、性别等因素，倾向性地选择面料的颜色，这也是帮助幼儿认知世界和自我的重要阶段。幼儿的服装面料也要柔软、舒适，以安全健康为首要原则。因为幼儿好动，相较于系带的方式来说，运用纽扣、按扣、拉链等辅料进行穿脱的款式更常见，所以需要对于所用辅料的材质进行选择，尽量避免引起穿着感受的不适和儿童皮肤的过敏。

学龄前儿童的生活场景较婴幼儿时期有了明显的变化和拓展，为了适应儿童不同环境和生活内容的需要，童装面料的选择也呈现出多样化的趋势。学龄前儿童依旧处在探索世界的阶段，加之活动能力大大提高，所以除了要注意面料的柔软度，还应该注意面料的透气性和牢固度，以满足该阶段儿童大大增长的运动量。辅料方面，既要新奇有趣，能够吸引到孩子的注意力，启发其好奇心，又要尽量简化其复杂程度，以免造成孩子活动和生活的不必要障碍。

学龄其学龄以上阶段的童装面料除了天然纤维面料，也可以适当选择化学纤维面料和混纺面料，但儿童皮肤较成年人依旧比较娇嫩，加上儿童对于服装面料的牢固度没有概念和意识，所以大龄儿童的服装面料应该在保证舒适柔软的同

图7-1 童装面料成人化

时具有透气性良好、牢固耐磨等特质，以便满足儿童普遍运动量大的实际需求。大童服装面料的选择看似与成人差别不大，但面料的触感和重量都该有所区分。大龄童装辅料往往会和潮流趋势比较贴合，金属、塑料材质的辅料可以较为广泛地选择和运用。当进入了青少年阶段后，服装面料在保证安全和舒适的前提下，基本与成人服装可用的面料无异。

　　最近几年童装市场欣欣向荣，与成人服装市场增长率放缓甚至停滞相比，我国童装市场向好的趋势吸引了大量的国外童装品牌入驻中国市场，这些国外童装品牌的产品设计前卫、风格多样，在我国童装市场上掀起一股童装成人化的风潮，而这一趋势主要体现在成人服装面料与童装面料之间看似无界限的使用（图7-1）。实则在外观相似的前提下进行必要的童装化调整（例如秋冬厚重的面料，运用在童装时需要选择效果等同但重量偏轻的）。这些时尚的外国童装品牌也给国内的的品牌更多的启发和参考，让本土的童装产品更加时尚化、国际化，除了在款式上的开发，或许更应该从面料的研发开始。

第二节 童装面辅料分类与设计

　　服装面料的种类本来就很多，随着科学生产技术的不断进步和发展，面料的种类更是五花八门，层出不穷，但运用在童装设计中的常见面料纤维还是以天然纤维和化学纤维为主。本书就童装中常见的面料纤维进行分类整理和具体介绍（表7-1、图（图7-2）。

表7-1 服装纤维的分类

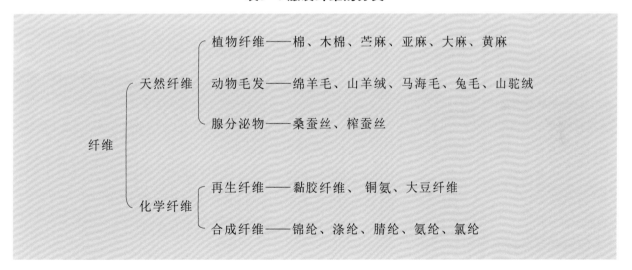

一、棉织物

　　棉织物又叫棉布，是以棉纤维为原料的天然织物，具有耐穿、保暖，但易皱、易褪色等特点。除了纯棉织物外，涤棉混纺面料也是市面上常见的种类，它易于打理，牢固柔软，且不粗糙，兼有纯棉材质的透气性和吸水性。

棉织物的种类及用途：

1. 平纹织物

　　平纹是经纬丝线交叉织造而成的，包括平布、法兰绒、府绸等，这种织法的面料质地细腻平滑，透气性好，多用于衬衣、薄外套等品种。

2. 斜纹织物

包括斜纹布、牛津布、卡其等，质地厚实硬挺，多用于牛仔服、休闲裤、外套、裤子等童装款式。

3. 绒类织物

包括灯芯绒、丝绒、天鹅绒等，绒类织物表面有一层绒毛组织，手感柔软；绒类织物分为针织与梭织两种，多用于冬季的家居服、大衣、夹克等品类。

二、麻织物

麻织物以麻纤维为原料，主要以亚麻、苎麻、黄麻等织制而成。麻织物吸水、凉爽耐穿、质地挺括，色彩较淡。但麻织物也具有柔软性差、缺乏弹性的缺点。

麻织物种类及用途：

1. 亚麻织物

包括亚麻细布、罗布麻、纯麻针织面料等。亚麻织物表面光滑匀净、质地细密，多用于衬衣、西服、大衣等品类。

2. 麻混纺织物

包括棉麻混纺布、麻丝交织布等。麻纤维与其他纤维混纺，可改善起皱现象，增强柔软性，多用于制作裙装、裤装、西服、衬衣等。

三、毛织物

毛织物原料为动物纤维，主要有羊毛、兔毛、牦牛绒等，具有良好的保暖性与吸湿性，穿着舒适美观，不易起皱，保型性好，但毛织物易缩水、易被虫蛀。

毛织物的种类及用途：

1. 毛混纺织物

动物毛纤维与混纺纱线织制而成的面料，如仿毛织物、毛与化纤混纺织物等，这种织物是冬季童装中应用较多的面料。

2. 精纺毛织物

以长纤维作为原料，经精梳工序纺制，表面光滑细密，挺括且量轻，具有良好的吸汗与透气性，多用于打底衫、套装制服等。

3. 粗纺毛织物

以较短的羊毛作为原料制成的粗梳毛纱，表面毛绒丰满、厚实，有一定体积感，具有良好保暖性，是秋冬季节比较常用的服装面料。品种有大衣呢、海军呢、羊绒、法兰绒等，多用于夹克、大衣等。

四、丝织物

丝织物是以蚕丝为原料织成的面料，包括桑蚕丝织物与柞蚕丝织物两种。桑蚕丝织物细腻光滑，具有良好的手感与弹性、轻盈透气；柞蚕丝织物坚牢耐用、手感柔软，但外观比较粗糙，容易起皱，且价格昂贵。

丝织物的种类与用途：

1. 绸类织物

包括塔夫绸、山东绸、斜纹绸等。绸类织物质地紧密，光泽自然柔和，可用于制作儿童表演服装。

2. 绉纱类织物

包括双绉、乔其纱等。绉类织物布面呈柔和波纹状，手感柔软；纱类织物透气、轻薄，且绉纱类真丝面料悬垂性好，多用于衬衣等。

3. 缎类织物

包括织锦缎、婚纱缎等。缎类织物手感光滑且厚实，适合制作礼仪服装及表演服装等。

五、化学纤维织物

化学纤维织物又叫化纤，是经过化学处理和机械加工制成的，分为人造纤维与合成纤维两类，其织物包括人造棉、锦纶织物、腈纶织物等。因价格低廉，属于广泛利用的面料，但透气性较差、容易发黄。

化学纤维织物的种类与用途：

1. 涤纶织物

涤纶又称聚酯纤维，使用范围广。面料手感爽滑，坚牢耐用，抗皱性强，色彩鲜艳，但透气性差，穿着闷热，易起静电。

2. 黏纤织物

黏纤织物包括美丽绸、富春纺、人造华达呢等，其特点为柔软舒适、色泽鲜亮、易染色，吸湿性好于其他化纤面料，但抗皱性差，容易变形。在儿童服装中使用十分广泛，可作儿童服装面料、里料、内衣等。

3. 腈纶织物

腈纶又称合成羊毛，其织物主要品种有腈纶纯纺、腈纶混纺织物、拉绒织物，具有耐热保暖、易干易洗、防蛀的特点，主要用于棉毛衫、运动服、手套袜子等品种。

4. 氨纶织物

主要种类有弹力棉织物、弹力麻织物、网纱面料等，具有最佳的弹力性能，吸湿透气性强，不起皱。其中网纱面料较为特殊，是由特强捻纱织制的稀疏平纹织物，质地轻薄，布孔清晰，富有弹性。氨纶织物多用于儿童体操服、运动服等。

5. 摇粒绒

是针织面料的一种，成分一般为全涤，摇粒蓬松且密集，不易掉毛、起球，加上重量轻，是近年来秋冬季常用的童装面料。

六、其他常见的童装面料

1. 动物皮革

主要以牛、羊、猪的生皮为原料制成，动物皮革具有质软、透气、保暖性强等特点。羊皮在三种皮革中最适合用于制作儿童服饰，手感柔软轻薄、光滑细腻，多用于制成羊皮夹克、手套等。

2. 人造皮革

主要分为PVC人造革、PU革、合成革，以PVC树脂、PU树脂与非织布为原料。人造皮革可塑性强，生产成本低廉，虽然没有动物皮革的特性，但皮面经加工后能产生出真皮所不具备的艺术效果，可仿制鳄鱼皮、蟒蛇皮等。

平纹布	法兰绒	牛津纺	斜纹布
灯芯绒	丝绒	珊瑚绒	莫代尔纤维织物
亚麻细布	棉麻混纺织物	羊毛混纺织物	精纺毛织物
粗纺毛织物	桑蚕丝织物	织锦缎织物	涤纶织物
腈纶织物	氨纶织物	动物皮草	摇粒绒

图7-2 常用童装面料

3. 复合面料

随着我国纺织业的发展和进步，复合面料的种类也是层出不穷的，比如近几年来热门的仿羊毛面料多数是化纤仿羊毛面料和PU革复合而成的，此外还有蕾丝与欧根纱、羊毛呢与针织棉料的复合等。

七、童装里布

儿童的皮肤比较敏感细腻，所以儿童服装的里料必须柔软性较好。秋冬季服装多用毛圈布、绒布、针织布等里料，除了舒适绵软外，还具有一定的保暖性，符合秋冬童装选择的需要；春夏季童装里布则选择棉布、棉麻混纺织物、棉纱织物等。因儿童比较好动，夏季流汗较多，所用里布材料与成人不同，在选料上更倾向于吸水性、速干性、透气性良好的环保织物。

八、童装辅料及分类

童装辅料是指除了面料和里料之外，在童装中其他的辅助性材料。在童装中比较常见的辅料主要有缝纫线、纽扣、按扣、拉链、绳带、花边等。童装对于辅料的要求往往要高于成人服装，品牌童装对于辅料也同样要进行严格的筛选和质检。主要童装辅料包括：

1. 拉链

童装中的拉链和纽扣多选用尼龙材质或塑脂材料等较为轻盈顺滑的材料，避免过多地使用金属材质，因金属材料坚硬且涂层易脱落，电镀的金属材质容易出现有害物质超标等问题，一不小心会引起幼儿皮肤红肿过敏和刮伤等潜在问题（图7-3）。

树脂拉链

金属拉链-双头

树脂拉链(外套用)

隐形拉链

铜拉链

双头铜拉链

图7-3 常用童装辅料（拉链）

2. 纽扣

婴幼儿服装的纽扣材质选择较为单一，以塑料和树脂类为主，随着儿童年龄的增长，纽扣辅料的选择可以根据服装的风格灵活选定。童装的纽扣往往成为设计师的设计亮点，卡通形象、水果造型等具有童趣设计的纽扣屡见不鲜、灵活多变。除了系扣，按扣因其方便、隐蔽、平整等优势在童装中也有广泛的应用，低龄儿童装多选用环保塑料材质，而中高龄儿童装则常选用无害安全的金属材质（图7-4）。

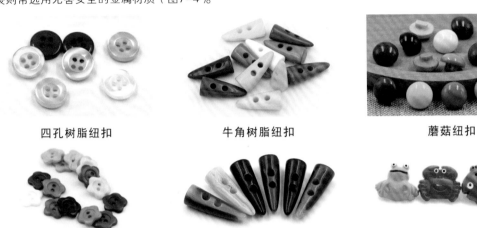

四孔树脂纽扣　　　　　牛角树脂纽扣　　　　　蘑菇纽扣

双孔树脂纽扣　　　　　牛角扣　　　　　装饰塑料扣

木质纽扣　　　　　布包蘑菇扣　　　　　塑料四合扣

图7-4 常用童装辅料（纽扣）

3. 织带和花边

童装中的花边多以宽度较窄的为主，花边多以平面或者微小的褶皱出现，不宜过宽过大，影响穿着的舒适感。另外，在质感上尽量选择天然纤维所制成的，尽量少选择化学纤维和不符合标准的材料制成的织带（图7-5）。

纯棉花边　　　　　蕾丝花边　　　　　编织/蕾丝花边

彩色水溶花边　　　　　刺绣织带　　　　　格纹印花织带

4. 其他辅料

除了以上提到的辅料之外，童装中常用的辅料还有缝纫线、布衬、金属扣环等其他辅料。童装的辅料一定要符合安全性和舒适性的原则，才可以成为童装产品中的设计亮点。

图7-5 常用童装辅料（花边）

第三节 童装面料装饰工艺

随着童装设计不断的推陈出新，现成的面料往往无法满足消费者的消费需求和设计师的创意，于是对于童装面料的装饰就应运而生。本节将常见的童装面料再造装饰工艺进行整理和归纳如下：

一、刺绣

刺绣是一种传统的装饰工艺，具有悠久的文化底蕴和历史渊源。将刺绣与儿童服装结合在历史上可以找到很多案例，我国自古就有在儿童衣裳刺绣狮、虎等走兽图案，寓意孩子能够茁壮成长、虎虎生威；刺绣祥云如意，寓意吉祥如意。传统的儿童服装刺绣承载了长辈对着装者美好的期望和祝福，具有深远的象征意义。现代的童装刺绣除了具有美好的寓意和期望，还呈现出了更加多元的样貌和特征，这当然是基于现代社会材料和工具的革新及全球手工艺的不断交流和融合，童装刺绣的种类更加丰富多彩，运用刺绣工艺的童装设计则美不胜收（图7-6）。

图7-6 童装刺绣工艺

二、钉缝

钉缝是指将装饰性辅料或材料（珠片、贴片、铆钉等）通过缝纫或其他方式钉在服装表面的装饰手法。在童装中钉缝的装饰材料，除了要考虑装饰效果之外，也要注意其是否舒适安全。在童装中大面积的钉缝较少，通常会按照某种图案的骨架或装饰线条进行钉缝或者局部使用。钉缝手法更多的运用于童装礼服、表演服、外出服等，若运用得当，则可以增加童装产品的设计效果，提升产品的艺术和商业价值（图7-7）。

三、拼布与贴布

拼布与贴布都是童装中很常见的装饰手法，传统的百家布衣从街

图7-7 童装钉缝工艺

坊邻居处讨要布块将布块拼成童服，取其能得百家之福、少病少灾、易长成人之意。从功能性和实用角度出发，在物资匮乏的年代，将旧衣服破损处用补丁的方式加固，也是贴布的一种形态，而物资丰富的现今社会，这种出于实用角度的补丁已经大大减少，但拼布和贴布的装饰性却被心思巧妙的设计师们保留下来，成为童装设计中的亮点（图7-8、图7-9）。图7-8中在手肘部分选择颜色相撞的布块缉明线进行补丁设计，除了符合服装磨损的实际规律，更是为了装饰效果的设计意图。

图7-8 童装贴布工艺

图7-9 传统拼布工艺

四、绗缝

绗缝是用针迹缝制有夹层的纺织物，使里面的棉絮等得以固定的手法，但运用线迹固定填充物是过去生活中出于功能性的需求，比如羽绒服中线迹的使用，而现代童装设计中绗缝也有不夹入填充物，只在单层或双层面料上走线的设计，这种设计更多的是为了突出线迹的装饰效果。童装中的绗缝更多的出现在冬季的棉袄、马甲和外套款式中，手工缝线和机器缝线的样式都比较常见。从设计的角度，可以将针迹从单一的线条交叉中解放出来，应该融入新的线条走向和形态，也可与其他设计元素相互融合（图7-10）。

图7-10 童装绗缝工艺

五、手工染色

手工染色工艺包括扎染、蜡染、挂染等多种后加工的染色方法。染色在童装中是运用较为广泛，现代童装市场中比较推崇天然植物染色，因其取材自然，在染料中加入中药材料又可起到一定的保健作用，被一部分提倡生活品质、崇尚自然生活的家长所偏爱。这种天然染色的面料、色彩以及图案，更加适合表现田园自然风格和富有传统禅意风格的童装设计（图7-11）。

六、破坏

破坏是指运用抽纱、腐蚀、切割等手法改变原有面料组织结构，获得新颖的视觉效果的装饰手法。比如面料的激光烧花、牛仔抽纱做旧等。运用破坏手法的童装面料更多的是受到成人装流行元素的影响从而延续而来的。比如20世纪60年代兴起的摇滚热潮将破损的牛仔面料推向了潮流的尖端，乃至现在的童装中都可以看到代表潮流的破洞牛仔面料（图7-12）。

除了以上所列举的童装面料装饰手法外，童装面料设计中还有很多其他再造装饰效果，而且童装面料的装饰手法也会随着产业的发展和科技的进步更加细分和完善。面料的设计直接关系着童装的舒适和安全，也极大地影响了产品的市场价值。所以童装设计师必须充分了解面料装饰的手法，才能将面料的设计与童装产品设计相结合，从而达到相对完美的设计效果。

图7-11 手工染色工艺

图7-12 破坏工艺

第四节 系列童装设计案例（面料）

从面料设计或再造的手法出发进行系列设计也是巧妙的设计方式。面料的设计会让整个系列更加具有质感，更为丰富精致。所以如何从面料的角度切入完成一个系列的童装设计？本节将结合获奖作品《海的印记》系列童装设计案例进行说明。

案例：设计师胡乐诗作品《海的印记》（图7-13）

1. 主题选定

灵感选自海洋的童装设计。大部分人会将海洋生物形象运用在童装上，毕竟这比较符合儿童的特点，但如果这样做未免太过常规，该组设计将视线锁定在海浪起伏留下的肌理和痕迹，因此使用面料再造手法就显得顺理成章。本设计可以说是一个从设计构想开始就确定了以面料改造为核心看点的系列。

2. 设计说明

该系列童装设计的核心元素一目了然，即贯穿每套作品上的块状面料肌理设计。运用毛线的刺绣和钉缝工艺将波浪、漩涡、沙滩的自然肌理恰到好处地表现在服装之上。色彩方面延续了海洋所具备的蓝白色系，加之层次分明的深浅变化，将大海的神秘和孩子的活泼感很好地结合起来。因面料再造块面效果已经很强，于是款式上以简单的廓形、平面的构造为主，也不显得单一乏味，堪称是一组重点突出、富有创意的童装设计作品。

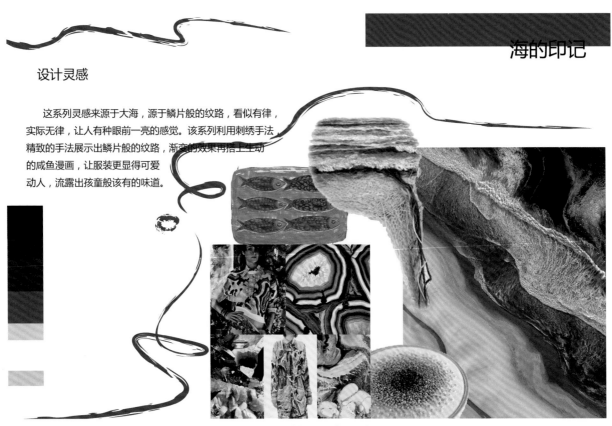

海的印记

设计灵感

这系列灵感来源于大海，源于鳞片般的纹路，看似有律，实际无律，让人有种眼前一亮的感觉。该系列利用刺绣手法精致的手法展示出鳞片般的纹路，渐变的效果再搭上生动的咸鱼漫画，让服装更显得可爱动人，流露出孩童般该有的味道。

图7-13-1《海的印记》概念板

海的印记

图7-13-2《海的印记》效果图

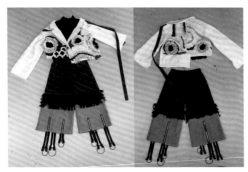

图7-13-3《海的印记》实物图

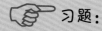 习题：

※ 请运用所学内容和网络资源比较棉纤维和麻纤维的特点。

※ 选择一种童装面料的再造工艺，并且运用该工艺完成 20cm×20cm 的童装面料改造实物小样。

第八章儿童配饰设计

　　现代童装设计领域中童装配饰的设计不可或缺，这与现代人的生活方式以及童装产品的发展趋势密不可分。儿童配饰与儿童服装相辅相成，有助于儿童整体形象的塑造。婴幼儿及低龄儿童期的服装配饰更加着重于功能性的发挥（如防寒防风的秋冬帽子或幼儿阶段的口水巾），而随着儿童年龄的增长，配饰的装饰作用便逐渐增加。本章将从现代儿童配饰的种类入手，详细讲解儿童配饰与童装设计的关系。

第一节 儿童配饰的种类及特点

在物资丰富的现代社会，儿童服装配饰的实用性和精彩程度完全不亚于成人，作为家中的宝贝，儿童的个性和心理需要被越来越多的家长重视，个性化的体现离不开儿童服装配饰的烘托。本节内容介绍儿童帽、鞋袜、包袋、围巾与手套、婴幼儿专属配件、儿童装饰类饰品等品类。

一、童帽

童帽在儿童的生活中是必备饰品，尤其对于婴幼儿和小童来说，家长为其选择帽子的目的，除了装饰之外，更兼具夏季防晒、冬季防风的功能性作用。童帽的种类繁多，常见的有遮阳帽、渔夫帽、棒球帽、贝雷帽、毛线帽、礼帽等品类。帽子也分为有顶和无顶款式，从材质和季节的角度看，如针织、毛皮、丝缎材料制作的帽子具有较好的保暖效果，且质地柔软，适合保暖御寒，是冬季不可缺少的童装配饰；呢绒、草编、帆布、网布等材料制作的帽子比较挺括，一般这类材料多用于制作遮阳帽和礼帽（图8-1）。

帽子装饰品是童帽设计中比较重要的环节，一般会在帽子顶部或者边缘处添加绒球、缎带、绢花等装饰品，女童帽中也可以添加装饰扣、发卡等，起固定作用，具有很强的实用性与装饰性。

鸭舌帽	遮阳帽	渔夫帽	盆帽
马术帽	贝雷帽	雷锋帽	披肩保暖帽
毛线帽	尖顶毛线帽	遮阳礼帽	护耳帽

图8-1 常见童帽款式

二、围巾与手套

围巾和手套是冬季儿童必备配饰，主要作用是为了保暖和防寒，也有装饰、烘托整体搭配的效果。儿童围巾常见的形状有方形、长条形、三角形，以及不规则形状等。印花图案种类丰富，纹样的运用也十分广泛，常见的有波点、格子、条纹等。儿童围巾材质的选择除了要注意安全性之外，还要有较柔软舒服的触感，以及偏轻的重量为宜，以棉麻、丝缎、羊毛、毛线材料较为常见。

手套具有保暖作用，材质多为针织、皮革等，不同地区的款式也不尽相同，儿童手套主要的款式有三种，分别是分指手套、半指手套和直型手套。

冬季儿童围巾、手套和帽子时常会以系列组合的方式被设计和开发，这种配饰的统一能够增加配饰在整体造型中的统一感，突出搭配的呼应效果（图8-2）。

图8-2 常见儿童围巾及手套

三、儿童箱包

儿童箱包主要用于儿童外出的场合，依据具体用途进行选择。比如上学时背的书包，平时活动选用的小挎包和双肩包，参加派对或完善造型的手提包、手拿包，旅游时所用的儿童旅行箱等。儿童书包是最为主要的童装包袋设计单品，学龄前期儿童书包本身的重量要相对轻盈，避免造成儿童的负担。随着儿童进入学龄阶段，书包就更加多样了。有的书包设计比较硬挺，是为了保护课本，便于儿童取用和拿放，书包的装饰主要是图案以及包身位置的装饰品，而书包的背带则体现了设计的功能性，通常会选择较宽的背带，并加以厚夹棉，保证儿童使用的舒适感。主流的面料有帆布、牛津纺、牛仔布、卡其布、绒布等较耐磨的材质（图8-3）。

图8-3 常见儿童包袋款式

四、儿童鞋袜

童装鞋袜按照季节分为冬季、春秋、夏季鞋袜等。可以根据不同服装风格来搭配穿着。冬季鞋包括棉鞋、靴子、运动鞋等款式。材质大多为皮革、高密度织物、毛皮为主；皮靴可分为长靴、中长靴、短靴、及踝靴；其中短靴搭配较丰富多样且舒适，长靴局限性较大，一般搭配短裤、短裙。冬季鞋注重以保暖，材质厚实，部分冬季鞋用羊羔绒、绒布作为夹里，保暖性效果好。

夏季鞋为凉鞋和单鞋款式，材质一般有皮革、塑料及单层纺织品等，舒适透气。幼童夏季鞋一般不做露脚趾的设计。装饰手法多用编结、流苏、贴花、镶嵌等工艺。春秋季鞋多以浅口单鞋、低帮休闲鞋为主，材质以软羊皮、牛皮和纺织物为主，穿着轻便舒适、行动方便（图8-4）。

儿童袜子的分类，除了连裤袜的结构有所差异之外，其余袜子基本按照长度进行分类，可分为船袜、短袜、中袜、中长袜、长筒袜等。秋冬多以加厚针织、羊毛、兔毛材质为主，春夏则多以纯棉、棉纱、蕾丝等材质为主（图8-5）。

| 及踝靴 | 雪地靴 | 短靴 | 婴儿袜 | 连裤袜 |

| 乐福鞋 | 帆布鞋 | 运动鞋 | 防滑袜 | 及膝袜 |

| 凉鞋 | 沙滩鞋 | 居家便靴 | 短袜 |

| 皮鞋 | 雨靴 | 拖鞋 | 船袜 |

图8-4 常见儿童鞋靴款式　　　　　　图8-5 常见儿童袜款式

五、儿童装饰类配饰

儿童装饰类配饰主要包括头饰、项链、胸花、手饰等，多适用于女童。女童饰品款式较新颖，种类比男童更多，无论饰品的造型、色彩、材质，都具有丰富的变化，从而满足了儿童不同的服装风格。比如，女童的手链、项链等，佩戴方式有松紧、封闭式、搭扣式等。所选用材料品类也很多，比如珍珠、绳带、皮革、绒布等，运用缝制、穿绳、编结等手法进行设计和制作（图8-6）。

男童装饰类饰品则有领结、领带、徽章等，一般也依据服装风格进行搭配。领结与领带受到面料和印花趋势的影响，有不同的选择与呈现。

中国风头饰	橡皮筋系列	发夹系列1	发夹系列2
皇冠头饰	印花发圈	印花头箍	蝴蝶结头带
印花领带	印花领结	太阳镜	儿童伞

图8-6 常见儿童装饰类配饰

六、婴幼儿专属配件

婴幼儿时期是非常特别的儿童成长周期，为了满足这一周期的特殊需要，有相当一部分童装配件是这一时期特有的，而这些配件多以功能性为主，但随着人们对于生活品质的要求和对于着装审美的追求，这些配件也逐渐具有了很强的装饰效果。比如新颖造型的围兜（又称口水巾）、婴儿围脖，具有时尚感的婴儿手套，甚至婴儿的尿布裤和纸尿裤等，都是能够发挥设计师才能的表达空间（图8-7）。

围嘴　　　　硅胶围兜　　　　　　　婴儿毛线帽　　　　　口罩

连指手套　　　头带、口水巾　　　婴儿纸尿裤　　　围裙、袖套　　　婴儿袜

图8-7 婴幼儿专属配饰

第二节 儿童配饰的搭配方法

因为配饰并不是独立使用的，它必须与服装配合呈现出完整的造型，所以儿童配饰和服装之间的搭配方法就很值得研究。本节就儿童配饰的搭配方法和原则进行归纳和整理。

图8-8 儿童配饰与服装的统一性

一、儿童配饰与服装的整体统一

童装配饰与服装的统一性主要表现为造型、色彩、材质的统一协调，不同元素之间的有机结合，才能使童服和配饰具有整体感。比如运动休闲服饰与运动鞋、袜、双肩背包的搭配；泳衣与拖鞋、泳帽、泳镜等搭配。童装配饰与人体的搭配也要统一，儿童人体的特征不同，如肤色的深浅、身体的胖瘦、头发的长短、年龄的大小等因素，都会直接影响儿童的服装与配饰选择。因此，在搭配选择服饰的同时需要考虑儿童的个人条件因素，着装才能体现出和谐统一的美感（图8-8）。

儿童在选择着装与配饰时，也要考虑与环境的统一。童装配饰的选择与服装一样需要遵TPO原则（即时间–Time、地点–Place、目的–Object），成人不能离开社会环境，儿童也同样。比如，参加派对或重要的礼仪场合，童装应该选择相对正式严谨具有品质感的款式，配饰则要尽量精致、完整。

二、儿童配饰与服装的色彩搭配

儿童配饰的色彩在整体造型中起着点缀、强调、平衡、协调等不同作用。在服装与配饰的色彩搭配上，既要保证配饰的独立性，又应该与服装有所关联。儿童服装与配饰之间的色彩搭配主要有如下三种形式（图8-9）：

1，点缀法

当整体服装颜色单一时，可以选择与之反差较大的色彩配饰进行点缀。如图8-9中小女孩服装整体为黑白配色，素净简单，但帽子大胆地选择了鲜亮的草绿色，起到了很好的视觉强调作用，这样不仅将原本的沉闷感减弱，更增加了整套服饰搭配的记忆点和设计感。

2. 局部呼应法

在整体搭配中，配饰颜色的确定直接影响着其他服饰品的色彩。如果佩戴了颜色鲜艳的围巾或帽子，可以选择搭配颜色鲜艳的挎包或鞋子，这样的搭配可以让造型达到平衡的视觉效果，从而达到协调统一的视觉连接感。如图8-9中粉色格纹帽与上衣和裤袜的组合，以及浅蓝色牛仔裙与浅蓝色短靴的组合，都是很好的局部色彩呼应案例。

3. 整体呼应法

在确定整体服装色彩的色调后，在配饰的选择上，选择色彩与之相同或相似的，这样可以令整体搭配协调。如图8-9中金发小女孩身着粉色花朵上衣和渐变粉色纱裙，佩戴粉色花朵装饰发箍和粉色珠子项链，穿粉色花朵装饰皮鞋，整体造型整齐划一，浪漫精致。

| 色彩点缀法 | 色彩局部呼应法 | 色彩整体呼应法 |

图8-9 儿童配饰与服装色彩组合

第三节 儿童配饰设计案例

在前面章节对儿童配饰的分类介绍和设计方法探讨后，本节各选择男、女童系列配饰设计方案一组进行具体的展示和说明：

图8-10-1 《怎么可以吃兔兔》概念板

1. 主题选定

主题来自于电影《撒娇女人最好命》中的网红台词："怎么可以吃兔兔？"十分巧妙且有趣，而系列饰品的设计方向也以粉嫩可爱的兔宝宝形象为核心展开。不论是灵感源电影还是设计师的作品，都弥漫着浓浓的、女孩子特有的乖巧可爱。

2. 设计说明

从女童的配件单品来看，作者将设计的重点定位于以装饰性配件为主，并进行了多品类的尝试，将兔子最具有视觉效果图的耳朵形状灵活运用，最终通过粉色兔耳朵等为数不多的元素将可爱乖巧又古灵精怪的小女孩形象烘托得活灵活现。

图8-10-2 《怎么可以吃兔兔》效果图

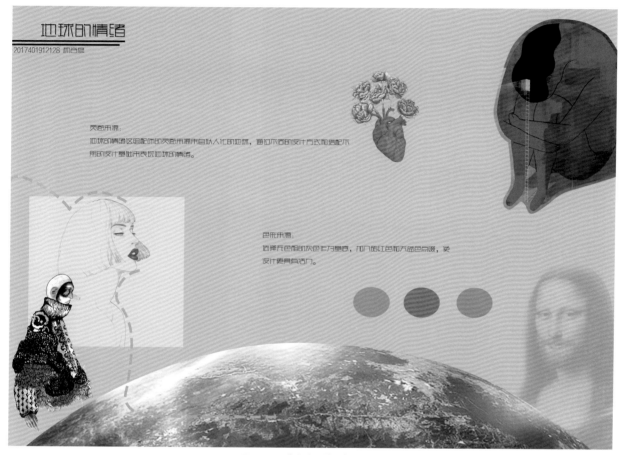

图8-11-1《地球的情绪》概念板

1. 主题选定

该选题来自于对于地球的思考，将地球拟人化，从它的角度出发，去探究它的情绪，或欢快，或孤寂，或愤怒。而地球的情绪可能和人类对于环境的态度有关，配饰的种类围绕旅行过程中的装备和行头进行设计，作品的定位和主题的选定十分吻合。

2. 设计说明

因为是男童的配饰，所以在颜色上选择了无色相的灰色系，有利于展现男孩子酷酷的感觉，而情绪的波动则是运用亮蓝和红色加以烘托点缀。装饰细节上运用了地球的圆形和地球表面的纹理，做成印花加以装饰和衔接所有单品的设计，让整个作品完整而连贯。

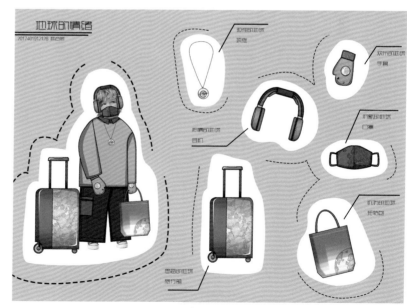

图 8-11-2《地球的情绪》效果图

※请思考儿童配饰与儿童服装之间的关系，并且在网络上选择 3 ~ 5 张儿童配饰与服装搭配效果的照片，并逐一进行两者搭配效果的说明练习。

※针对某一种配饰类别（帽子、包袋、鞋靴）进行一系列三件单品的专向草图设计训练，并且简要地阐述灵感来源和设计说明。

草图案例

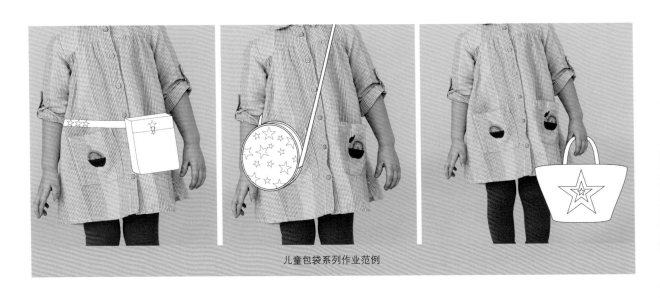

儿童包袋系列作业范例

第九章 童装风格设计

设计风格英译为"Image","Image"单词意为肖像、形象,其在服装设计学科中特指服装设计风格和形象。服装设计风格是一个时代、一个民族、一个流派或一个人的着装样式和内容所显示出来的价值取向、内在品格和艺术特色,也可以简单地理解为服装风格是指某一部分人穿着服饰的外化共同特征,而服装风格受到廓形、色彩、材料、细节,甚至服装单品品类的影响。

第一节 常见童装风格

　　童装和成人装相同，童装中服装风格丰富多样。有的风格儿童装和成人装都有，而有的风格则有些出入，例如童装中基本没有性感魅惑风格的服装，而趣味性风格的服装远远多于成人服装。本节将常见的童装风格整理如下：

一、运动风格

　　运动风格童装大多源于儿童运动项目，是指对儿童身体活动没有限制，传达出活力、健康、阳光、无拘无束的运动形象的童装风格。运动风格是童装中比较主流的风格，因为儿童较成人来说活动频率较高，加之童装对于舒适度具有相对高的要求，所以在运动风格的童装中针织面料的使用十分普遍。另外，考虑到孩童的性格特点和运动安全的需要，运动风格童装色彩相对比较鲜艳，对比配色的运用明显高于成人服装。如儿童POLO衫、帮球员夹克等都是这个风格中的热门单品（图9-1）。

图9-1 运动风格童装

二、休闲风格

　　休闲风格童装可以理解为一种轻松、随意，贴近日常生活的穿衣风格。这种风格的童装在廓形上相对随意、宽松，十分注重还原穿着者的本真，强调服装的基本功能，便装化特征明显，涵盖了家居、户外、街头等不同场合的着装。休闲风格童装较运动风格童装来说更具潮流感，牛仔、皮革等成人时装元素也时常出现，在符合儿童日常穿着的前提下更加具有时尚感和街头潮流感（图9-2）。

图9-2 休闲风格童装

三、自然主义风格

　　自然主义风格童装是一种倡导对于自然的认同和崇拜，追求自然、舒适、简化的着装风格。自然舒适风格的童装在材料上多选择舒适的天然纤维，色调通常会与大自然的底色比较接近，以浅色调和灰色调为主，款式相对来说比较简单，偶有一些植物或动物的装饰图案加以点缀。这种风格也是童装风格中的一种固定风格，随着城市生活速度的加快，这种倡导乐活、慢速、简单、舒适的生活理念被越来越多的消费者所接受和推崇。代表童装单品有连衣裙、衬衫、棉麻松紧童裤等（图9-3）。

四、复古经典风格

复古经典风格是指由一些经过时代洗礼而保留下来的设计元素构成的风格。复古经典风格一般潮流趋势的影响较少，能被大多数消费者接受。经典风格的童装也很常见，穿着复古经典风格的儿童通常会给人以"小大人"的着装印象。童装中的经典风格除了包括复古、经典之外，还涵盖学院风、军旅风等子风格。经典复古风格的代表单品有格纹衬衫、驼色大衣等。另外，还有许多具有代表性的童装配饰，如领结、领带、绅士帽、前进帽、复古皮鞋等（图9-4）。

图9-3 自然主义风格童装

五、趣味夸张风格

趣味夸张风格是指将儿童的想象力放大，将趣味性或写实或夸张地表现在童装上的一种风格。较成人装来讲，童装中的趣味和夸张更加纯粹，这与儿童天真烂漫、活泼跳跃的性格特点密不可分，童装中的趣味多源自于形象上的夸大和可爱化顽皮化处理。题材更多的是以动植物、自然界场景、人物表情变化等为主。可通过廓形上的夸大、色彩上的反差、图案上的巧思和材质上的对比等手法加以实现。这类童装的设计除了体现在日常的童趣风格服装中，也会偶尔出现在儿童表演服装和节日用童装上，有时是为了气氛的烘托和场合的需要（图9-5）。

图9-4 复古经典风格童装

图9-5 趣味夸张风格童装

六、都市摩登风格

都市摩登风格是指能反映出城市"快速时尚"特征设计元素构成的风格样式。此类风格强调潮流元素的变化和更新。产品更换的周期较短，兼顾生活、社交、娱乐等多种场合对童装的需要。因此都市感的童装通常设计多种服装类型，符合都市的快节奏生活需要，都市风格的童装偶尔会和家长的着装有所连接，以亲子装的形式出现（图9-6）。

图9-6 都市摩登风格童装

七、浪漫甜美风格

浪漫甜美风格是运用装饰效果较强的偏向女性化、甜美、繁复的设计元素组合而成的服装风格。浪漫甜美风格的童装主要体现在女童装设计上，层层叠叠的荷叶边、各式花边缎带等少女情怀的装饰元素都能够将浪漫甜美风格演绎得淋漓尽致。男童装的浪漫甜美风格主要通过色彩和简化的装饰来实现。浪漫甜美风格最具有代表性的单品就是女童公主裙和蕾丝、亮片元素服饰（图9-7）。

图9-7 浪漫甜美风格童装

八、传统民族风格

传统民族风格是指由一些具有民族文化特征的设计元素构成的风格样式。此类风格往往地域性特征

图9-8 传统民族风格童装

明显，并且以此成为产品风格差异化个性化的表现。但是由于各地区传统民族文化的差异，在理解上会有所偏差，所以需要设计师对于传统民族元素进行符号化处理和现代化处理。宏观地看，传统民族风格因其起源于不同民族传统文化，所以可以跳脱出时尚潮流之外，在设计方向上也可以选择还原传统风貌。因各民族普遍将美好的希望寄托于童装这一载体之上，所以童装中体现传统民族风格的细节和装饰较成人服装更加夸张和明确。就我国的情况来看，因地域辽阔，所以有传统的汉族儿童服装，也有各个少数民族的儿童服装；又因朝代的更迭较多，我国传统童装常见的品类有儿童汉服、儿童唐装、儿童袍服、儿童小袄、儿童马褂等，传统民族童装的装饰元素有盘扣、立领、斜襟、镶边等细节。这些都可以成为童装设计师进行中式童装设计时的资料和参考素材（图9-8）。

九、混搭风格

混搭风格是指由不相关的风格元素通过设计或搭配的手法呈现在一套造型中的风格样式。此类风格设计元素比较多变，组合方式灵活多样、富有变化。如图9-9中荷叶边衬衫及白色纱裙都属于浪漫主义风格元素，配以头巾和牛仔材质单品，又赋予其休闲感和街头潮流时尚感，两种风格对比强烈的单品通过服装搭配呈现在一套造型中是混搭风格的典型代表；又如图9-9中粉色棒球员外套属于运动风格，而盘扣、立领和仙鹤图案都是中式传统民族风格的元素，通过设计将这些元素融入到一件外套之中，让这件外套除了传统的韵味之外，又多了年轻活力的时尚感，不失为成功的混搭风格产品。

浪漫主义与休闲风格混搭的童装造型　　　　　　　运动风格与中式民族风格混搭的童装单品

图9-9 混搭风格童装

第二节 童装风格系列设计案例（风格）

从风格出发的设计师，往往在设计之初就已经将一系列的风格基调定下，在设计的过程中将与之对应的元素合理应用其中，最终通过风格的塑造展现出一系列的作品。本节分别选择了传统民族风格、运动休闲风格和经典复古风格的设计案例进行展示。

1. 主题选定

作者因无意中的一次与苗族凤凰纹样刺绣的邂逅，于是产生了对于神鸟凤凰浴火重生、奋力蜕变的遐想。作者希望通过这个作品来呈现代社会人们遗忘了的梦想，最终激励他们为了梦想像凤凰一样展翅翱翔。

2. 设计说明

该系列通过对于苗族节日盛装的调研和了解，将传统苗绣中所出现的图案、色彩，乃至苗银装饰等元素延用在现代服装款式中，因为最初就钟情于传统苗族服饰的丰富美感，所以并没有做过去夸张和现代的结构，在款式常规化的同时，尽量保持了苗族服饰的原始样貌和舞台表现力。

无意间看到苗族刺绣中精美的凤凰刺绣，于是就展开了一系列想象。在这个快节奏的时代，人们压力越来越大，最初的梦想渐渐埋于土地。设计"凤凰于飞"的原因就是想要唤醒人们那埋藏已久的梦想，就算遇到困难也不要放弃，一步一个脚印，直到像凤凰一样，展翅翱翔。

Inadvertently see the exquisite phoenix embroidery in miao embroidery, then spread out a series of imagination. In this fast-paced era, people are more and more pressure, the original dream gradually buried in the land. The reason for designing "phoenix in flight" is to wake up people's long-buried dream. Even if you meet difficulties, don't give up, step by step, until you fly like a phoenix.

图9-10-1《凤凰于飞》概念板

图9-10-2《凤凰于飞》概念板

图9-10-3《凤凰于飞》实物图

1. 主题选定

设计的灵感来自于作者儿时对于与外星人玩耍的幻想。或许有相当一部分人儿童时期有过类似的想象，于是这个系列的风格从一开始就基本确定了未来感、科技感的走向，但有趣的是作者在进行设计的时候采用了运动休闲的服装款式，相当和谐有趣。

2. 设计说明

将外形人图案和字母等印花运用在整个系列中，十分符合运动休闲服惯有的装饰元素，另外色彩方面黑与灰凸显出小男生的酷感，代表外形人的绿色十分跳跃活泼，充满了运动感。此外，虽然想法来自于外太空，但服装的款式十分落地实穿，不失为一组很有市场价值的作品。

图9–11–1《我和外星人去玩耍》概念板

图9–11–2《我和外星人去玩耍》效果图

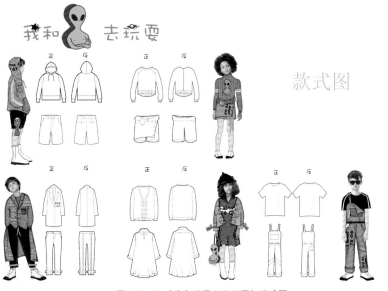

图9–11–3《我和外星人去玩耍》款式图

图9-12-1《英伦风》概念板

1. 主题选定

该系列的名称为《英伦风》，可见作者对于经典复古风格的喜爱。从这样的一个风格主题出发不难猜想系列设计中一定会有经典的格纹元素、传统配色，甚至可能有大头皮鞋等。

2. 设计说明

该系列风格要素明确，采用了经典暗色格纹的同时，还运用了英国国旗上的红、白、蓝三色条纹加以点缀。另外，在单品结构上，针织背心和格纹衬衫的组合也是很典型的单品组合模式。唯一遗憾的是款式的变化略显不足。

图9-12-2《英伦风》效果图

👉 **习题：**

※ 请选定某一童装常见风格，进行深入调研后制作出针对该风格的童装设计方案灵感概念板，并整理150字以内的风格说明介绍。

※ 尝试寻找本章节并未提到的童装设计风格，并进行资料的收集和调研。

第十章 现代童装专项品类设计

在现代社会背景下，儿童服装呈现出细分化的趋势。这些细分品类的诞生往往是为了适应现代儿童生活环境或满足某种功能性的需要。本章将这些具有时代特征和实用意义的专项童装品类加以整理，希望能够帮助读者进行更加具有针对性的了解和学习。

第一节 校服设计

从幼儿园至高中毕业，儿童有相当一部分时间在学校里度过。在我国九年义务教育阶段，除非特殊原因，所有的学校都要求学生在学校穿着校服，穿着校服便于学校对于学生的管理。另外，通过统一着装减少学生之间不必要的攀比心理，培养学生的集体认同感。在进行校服设计时应该考量到着装对象所在的年龄段、性别、地区等问题，有方向性地进行校服设计工作。

一、校服概况

关于校服的采用情况，经过一定的资料收集和调查整理，所得到的大致情况是：我国幼儿园校服通常会以学校为单位进行区分，中小学则有些地区以省市级单位统一校服样式，部分私立院校也会以学校为单位进行统一定制。我国城市的校服基本是同时具有制服款式和运动款式，这样的安排主要是出于儿童在校学习期间的主要活动考虑，校服款式上无论公办还是私立、小学还是初中，男女生校服基本没有太大的差异，都是以宽松的款式为主，女生校服也有绝大部采用的是裤装款式，这样有便于活动、弱化性别差异的特点。国外的中小学生校服与国内的情况则有所不同，据考察，日韩地区的中小学校服男女生款式有较大不同，而且是按照学校为单位确定款式，便于识别，另外可根据个人需要找到学校授权认证的校服制作专门店进行定制，关于尺寸和细节可根据个人实际需要进行微调和修正，这种模式显然更具人性化，但也存在着不易管理、环节复杂等问题。不论是国外还是国内，校服毕竟是为所有在校学生服务的，所以除了幼儿园园服外，在颜色和图案上不宜太过个性张扬，通常是以大方的款式和柔和的色彩搭配为主。学校的标识必须出现在校服中，或者以校徽的方式搭配校服佩戴。基于这些设计特点，再结合儿童的不同学龄阶段，可具体地将校服设计要点和技巧进行梳理（图10-1）。

图10-1 不同年龄段校服的款式

二、各年龄段校服设计

1. 幼儿园园服设计

　　幼儿活泼好动，且对生活中的一切都充满好奇心，从单一的家庭生活环境过渡到幼儿园生活中，既有畏惧和恐慌，同时又充满了对新世界的探索和认识新伙伴的喜悦和快乐。所以幼儿园园服应该选择较为跳跃、明快的色彩，一来符合小朋友们的心理状态，二来便于老师在户外环境或课堂环境中能够关注到小朋友们的一举一动。另外要注意的是虽然较中小学校服，幼儿园园服色彩应该明亮艳丽，但要避免过多过杂地使用色彩，太过杂乱细碎的颜色会让小朋友过于兴奋，应该选择简单的色块拼接更为妥当。服装上需有幼儿园的标识和名称，有些人性化的幼儿园甚至会在园服上通过刺绣和粘贴等方式标识小朋友的学号或姓名。在面料选择方面，幼儿皮肤需要认真呵护，所以推荐选择纯棉材质（图10-2）。

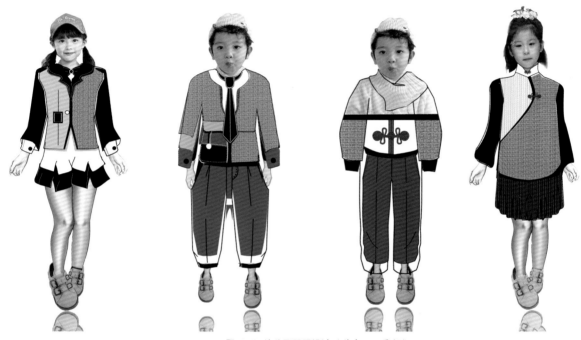

图10-2 幼儿园园服设计（作者：王晨新）

2. 小学生校服设计

　　小学生活有别于幼儿园，孩子们应当以学校的集体生活和学习为中心，这个阶段儿童身心都未发育完善，可塑性大，接受知识能力强，智力发展快，但自我控制能力较弱。所以小学校服在色彩上总体应该相对严谨、肃穆，以引导学生在校期间应该遵守纪律，专心学习。在服装细节和配饰上可以选用较亮的小面积用色来烘托小学生的活泼可爱的特征。在款式上要简洁大方，方便穿脱，袖长、裤长的设计可通过卷边的形式加放，以适应儿童生长发育的需要（图10-3-1）。

3. 中学生校服设计

　　中学时期是从童年走向成熟的过渡期，儿童在这一阶段要经历青春发育期的生理变化，同时在心理上，这个时期的儿童对于新鲜事物和流行资讯比较留意，有自己独立思考和鉴赏的能力，在服装选择上逐渐有自己的主张和看法。这也就给这个时期的校服设计增加了需要考虑的内容。理想的状态是在设计中适量加入流行元素。款式依旧要端庄大方，线条简练优美。男女生服装外轮廓和分割设计要利于塑造青春健美的形象，细节设计符合学习和生活的需求。一般女生建议上衣下裙的组合，而男生为上衣下裤的形式。根据不同的季节可搭配马甲、开衫、大衣等。根据不同的场合可分为休闲正装和运动装两种。用于中学生校服设计的面料要性能良好，环保安全，健康经济。通常会选择耐水洗、耐磨，以及塑型性良好的混纺面料（图10-3-2）。

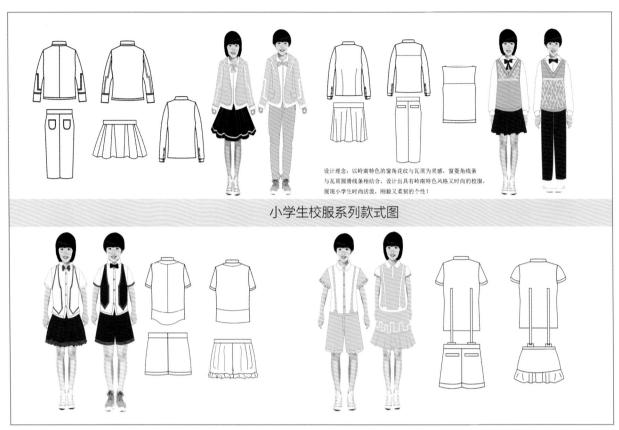

设计理念：以岭南特色的窗角花纹与瓦顶为灵感，窗棂角线条与瓦顶圆滑线条相结合，设计出具有岭南特色风格又时尚的校服，展现小学生时尚活泼，刚毅又柔韧的个性！

小学生校服系列款式图

图10-3-1 小学生校服设计（作者：余秀婷、叶丽兰、黄雪慧）

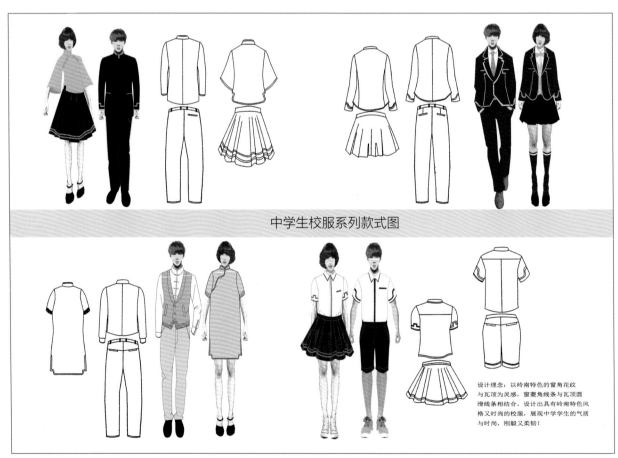

中学生校服系列款式图

设计理念：以岭南特色的窗角花纹与瓦顶为灵感，窗棂角线条与瓦顶圆滑线条相结合，设计出具有岭南特色风格又时尚的校服，展现中学生的气质与时尚，刚毅又柔韧！

图10-3-2 中学生校服设计（作者：余秀婷、叶丽兰、黄雪慧）

第二节 儿童礼服设计

随着我国经济的飞速发展,现代人对于生活品质的追求更多的体现在对个性化、专业化产品的消费需求上。现代儿童礼服的市场需求大幅度增长,也正是这一趋势的主要体现。如今儿童礼仪服装的穿用场合也不只是局限于在婚礼中花童礼服、舞台上表演礼服了,参加生日会、随父母参加派对、拍纪念照片等更加生活化的场合都可选用儿童礼服,因此针对儿童设计的礼仪产品成为童装产业中的一个热点。在童装礼服设计中,设计的不同方向主要体现在着装对象性别差异和多样化的设计风格上。本节选定现代童装设计中的经典男童装礼服、经典女童装礼服如图10-4中式童装礼服三个方向进行解析。

一、经典男童装礼服

男童装礼服以西服套装、马甲、衬衫、西裤等单品为主,主要是男士正装礼服在童装设计中的延伸,中大童的礼服要求合身挺拔,这与成人礼服一样,强调精致和严谨的形式美,而低龄男童礼服在合体性上则相对宽松。男童礼服的设计要点主要集中在细节变化和整体搭配上。细节变化主要体现在领口、袖口、门襟、开衩、扣子摆放方式等内容,例如领子幅面的宽窄变化、领角的拼色设计等。整体搭配主要体现在一丝不苟的服装完整度和饰品的点缀效果。例如西服、马甲、衬衫、西裤的经典四件式的搭配通过服装的层次来提升正式感。另外,领结、胸花等饰品能够让整体造型在正式严谨的基础上更加灵动,缓解礼服固有的僵硬和呆板印象。

二、经典女童装礼服

女童装礼服多以裙装为主,有连衣裙和套装两种形式。礼服的样式丰富,主要有A廓形和X廓形,低龄女童礼服基本是A廓形的,裙长至膝关节上下的裙装既显得大方文静,又能体现出小女孩的乖巧可人。大龄女童礼服中X廓形的裙装也时常出现,通常是肩部袖子较蓬松或者荷叶边飞袖的款式,腰部通过省道收紧,下摆自然或夸张散开,增加裙装的灵动感和律动感。女童礼服尤其注意装饰细节,常用细褶、缎带、蕾丝、花边、蝴蝶结、人工造花等元素进行装饰。另外,配饰则常有精致的皇冠、头花、礼服鞋、小挎包、手套、礼帽等进行整体气氛的烘托(图10-4)。

图10-4 经典儿童礼服款式

三、中式童装礼服

近几年来消费者文化自信逐渐觉醒，这也促使了中式童装的潜在市场逐渐明确和发展。在我国，不管是汉民族还是少数民族，儿童礼服都具有可追溯的悠久历史。中式童装礼服除了男、女童性别的差异化影响之外，主要还根据不同年代和主题进行区分。比如儿童唐装棉袄、汉服、长袍、旗袍、中山装等固有单品，这些款式除了具有一定的民族认同感外，其设计也越来越具有实穿性和时尚感。中式童装礼服的配饰也是非常多样的，如传统布鞋、瓜皮帽、虎头帽、小荷包、花朵头饰等，可谓精彩纷呈、种类繁多。相信随着国民的文化认同和设计的不断发展完善，中式风格的童装礼服乃至日常服装都会有巨大的发展空间和良好的商业前景（图10-5、图10-6）。

图10-5 儿童中式礼服

图10-6 中式儿童礼服设计（作者：曲思楠）

第三节 儿童家居服设计

我国现代家庭穿着家居服的生活习惯更多是从西方社会借鉴而来的，改革开放后物质生活水平不断提高，部分讲究生活品质的家庭才开始选择着家居服。穿着家居服的动机是对于居家环境卫生情况的重视和对于舒适生活的追求。孩子是家庭的重心，所以大部分家长乐于为自己的孩子精心选购家居服。儿童家居服必须将安全、健康、舒适等指标作为设计的重点；款式造型宽松随意，简洁美观，避免过多的分割拼接，面料选择要体现绿色环保，色彩和图案重点在于配合柔和舒适、素雅宁静的环境，所以多选用轻松、明朗的亮色调或平和冷静的灰色调。除了功能性的考量和需要，应尽量减少不必要的立体装饰细节。本节将儿童家居服分为睡裙、睡衣套装及起居服加以说明（图10-7）。

一、睡裙

睡裙和西方传统的睡袍类似，是女童主要的家居服装款式，因裙子本身工艺结构简单，版型结构趋于平面，所以作为日常家居及睡眠时选用的服装具有绝对优势。一般睡裙采用全棉或丝质面料，具有良好的垂感和舒适的触感。根据不同季节的需求，睡裙的袖长和裙长可以调整变化，袖隆和袖肥需要增加一定的量，袖山高较低，插肩袖和平袖款式的睡裙都是常见的。领口不要过小，易于穿脱，在配色上多运用包边或滚边，以及贴袋等细节融入色彩的对比。除了纯色款式之外，以波点、碎花、条纹等图案为主的款式也很常见，蕾丝、缎带等装饰也是十分符合女童心理需要的设计亮点。

二、睡衣套装

睡衣套装是采用面非常广泛的家居服款式。因制作材料选择性比较宽泛，所以睡衣套装可适用于各个季节的穿着需要。款式上以适用于家居环境的简洁、平面结构为主，多是无领和平领设计，口袋则多以贴袋为主，穿脱方式根据具体需要可以选择套头式、通襟式、半开襟等式样。纽扣则多选择扁平的造型，以防止刮擦或凸起顶压皮肤，造成穿着的不适感。男、女童睡衣套装的性别区分，主要体现在色彩和装饰上。女童睡衣套装色彩相对比较自由，颜色以明亮、柔和为主，而年龄较大的男童套装色彩则以冷色或素雅的色彩为主。色彩除了要考虑到不同儿童的心理需要，也要与就寝环境的色彩协调，营造出和谐惬意、温馨舒适的睡眠环境。

睡裙／睡袍　　　　　　　　睡衣套装　　　　　　　　起居服

图10-7 儿童家居服设计

三、起居服

除去炎热的夏季，儿童居家除了睡眠外，在入睡前和起床后一般需要穿用起居服，起居服是穿在睡衣外面的外出服和睡衣间的过渡性质服装。其造型以方便穿脱为主，以袍服、套头衫配合裤装的样式居多。腰间多系带，常用连帽领、青果领、蝴蝶领等领型，偏薄的面料选择有真丝缎、针织棉、毛巾布等，而偏厚的面料有法兰绒、绗缝棉等。起居服的产生是为了让生活更加便利，满足儿童服装多样化的需求，所以关于它的思考不该局限在家居环境，现代起居服应该能够在设计和款式上满足家居生活的同时，可延伸到偶有短暂的家居环境之外的生活场景需要（图10-8）。

图10-8 儿童家居服设计（作者：曾靖婷）

第四节 亲子装设计

亲子装又称为家庭装，是现代童装设计中不可缺少的内容，从设计的角度分析，成功的亲子装应该同时满足单独穿着和组合穿着的需要。亲子装是由成人装和儿童装组合成一个系列设计产品，从组合结构来看可以分为父子装、母子装、母女装、父女装及全家亲子装。亲子装之所以在市场上日渐走俏，与我们现代的生活样式和经济结构不无关系，现在我国二胎政策放开，家庭结构发生了改变，对于亲子装的需求自然也随之增加，现代人处在多媒体并存的网络经济时代，在网络上具有人气的服装产品很快成为所谓的"爆款"。亲子装因其必须是以系列的形式穿着，较单件穿着更具有感染力和冲击力，容易给观者留下深刻的印象，所以在媒体形式多样、信息传播迅速的现代生活中，亲子装迅速成为绝大多数养育儿童家庭有需求的服装产品。亲子装设计的核心在于连接性和系列感，就目前市场上的亲子装系列感进行研究后，按照亲子装系列感延续的方式大概将其分为完全统一、元素统一两种样式（图10-9）。

图10-9 亲子装设计

一、完全统一的亲子装设计

目前市面上最常见的亲子装类型是就是单品的完全统一，这种设计手法相对来说较为简单。只是将一模一样的款式按照成人的尺码和儿童的尺码分别穿用，这种方法的好处是简单直接，标识感强，缺点是过于简单直白，缺乏变化，不具备设计的节奏感，导致设计感偏弱，限制了亲子装的设计空间和穿着效果，可以通过除亲子装外的其他配饰和单品的区别化搭配来增加层次和变化。

二、元素统一的亲子装设计

亲子装设计中元素统一是指将服装中的某一元素提炼出来，运用统一手法、不同样式，或运用多种手法融入到一系列成人装和儿童装中去。这种方法较完全统一的亲子装设计来说显然更加灵活多变，具有一定的发挥空间，既能达到较好的设计效果，又不至于乏味无聊，如图10-9中分别列举了图案统一款式变化的亲子装，色彩调性统一、款式不同的亲子装及通过饰品搭配和感觉统一的亲子装形象，都十分巧妙地将系列感和连接性融入到系列单品设计中，由此让观者通过服装造型便能感受到家人之间的融洽和温馨感（图10-10、图10-11）。

星际之旅

图10-10　色彩元素统一的亲子装设计（作者：朱思佳）

图10-11　图案元素统一的亲子装设计（作者：邱子萱）

习题：

※ 请思考并总结在进行幼儿园园服、小学校服、中学校服设计时分别有哪些需要注意的因素？

※ 请列举3～5套中式儿童礼服的品类并说明其设计特点。

※ 通过理解所介绍的亲子装中系列感的延续方式的分类，选择适合自己的设计方法进行一系列4套亲子装设计（包括父、母、儿、女服装）。

第十一章 系列童装方案设计与制作

　　系列一词在《辞海》中的解释为"事物或观念连续出现而形成的一种相关状态"而在服装设计中，一系列服装可以理解为通过某个或几个共通元素串联起来的两件以上的组合款式，在服装设计课程中小系列通常为2～5套服装，而大的系列可以多达几十件不同品类的单品。系列设计整体感是通过设计元素进行维系的，强调设计中形成的系列感及在多元素组合中表现出来的秩序性及和谐的美感。在视觉感受和心理感受上成系列的设计要比单件产品所呈现的视觉效果图强得多。能够完成一个系列的设计作品，另外能充分体现他们的设计能力和计划把控力。

第一节 系列童装设计方案制作流程

进行系列设计训练可以培养连贯的设计思维，更好地展现设计师对于设计方案完整性的表达与呈现。所以，不论在企业还是在服装教学领域，都要求设计师进行系列童装设计。本节将结合案例，按照设计顺序将一系列完整的童装设计方案分析呈现。

一、题目拟定

设计的主题大致分为客观规定和主观选定两种。客观规定的主题一般是由老师或者比赛主办方或公司企划部门管理层给出，而主观选定的题目则是设计者自行通过兴趣或需要选择的方向。不管是哪一种状况都应该充分理解题目，并且找到一个适合的切入点。比如案例作品"1001夜中国未来之星新锐童装设计师大赛"获奖作品，比赛的主题是"叶子的秘密"，作者按照比赛的方向选定了植物图案的设计元素，最终将主题拟定为《丛林探险家》。大赛给的主题往往不会过于具体，对于作者来说只是一个参考方向，而作者可以根据自己的灵感找适合的角度加以挖掘和提炼。案例中作者拟定的题目和大赛的主题是基本贴合的，根据主题方向拟定自己的题目我们称之为正向选题，正向选题的好处是贴合主题、易于引发观者共鸣、不易跑题，缺点是略显平淡无新意。其实，除了正向选题之外，也可以通过侧面或反向的角度进行选题。

二、资料收集和调研

不管是对于初学者还是有经验的设计师，资料调研都是不可忽略的部分，缺少了资料调研直接进行设计的表达，

图11-1 POP服装趋势（童装频道）网络页面

无异于闭门造车。容易导致设计方案内容匮乏，服装设计脱离潮流趋势、服装只有大效果缺少该有的细节等问题。那么拟定了主题后应该如何进行调查？该从哪些方面入手呢？首先要表达设计方案所需要的资料主要有两块内容，分别是文字资料和直观的图像资料。文字资料可以从历史文化、时事资讯、艺术作品等多方面获得，或是来自于一些生活中能够启发设计灵感的点滴，而图片资料就更加广泛了，首先从童装的层面可以翻阅一些针对儿童的专业杂志和儿童绘本，利用互联网进行一些童装趋势、设计概念、国内外童装品牌主页的浏览等都是不错的选择。不过通过杂志或是网站进行的浏览都是限制在平面的资料，只能够帮助我们了解趋势、色彩、图案等，但服装是三维立体的，面料的触感和服装的款式细节也同样重要，所以资料的收集最好能够加入对于面料市场、童装品牌门店和童装市场的走访。这样会让设计师了解当下童装的工艺细节趋势，能够确保做出来的设计远看有效果，近看有细节。资料除了收集之外也可以是设计师将现有的材料整合后呈现，或者自己进行拍摄和设计（图11-1）。

童装趋势网页推荐：

中国童装网：http://www.51kids.com

上海时尚童装展：http://www.coolkidsfashion.com

华纺资讯（童装）：www.weartrends.com

POP服装趋势（童装频道）：www.pop-fashion.com

三、封面设计

封面设计是整套设计方案的门面，首先应该做到简单大方，在此基础上如果能够对主题有带入感就更好了，以本节案例《丛林探险家》为例，在封面中间位置出现了植物叶子和昆虫图案，配以楷体的文章主标题和副标题，整个构图比较清新干净，在主标题最后一个字加入了放大镜和放大效果，这刚好呼应了"探险家"的概念，同时将孩童的好奇心和活泼感表达出来（图11-2-1）。

图11-2-1《丛林探险家》封面（作者：翟建丽）

四、概念及灵感呈现

在服装设计方案中，灵感和概念的呈现是通过概念板（IMAGE MAP）呈现的，而概念板的内容是相对灵活的，根据设计师想要表达的内容有所区别。完整的概念板应该包括文字内容和图片内容。文字的内容主要是设计师关于设计

图11-2-2《丛林探险家》设计概念板（作者：翟建丽）

图11-2-3《丛林探险家》色彩概念板（作者：翟建丽）

的说明。值得注意的是，概念板中文字的数量不宜过多，应控制在50～100个字左右，毕竟在概念板中文字内容只起到一个辅助说明作用，不需要像写作文一样将所有相关的设计内容统统讲述。图片的内容很多样，可以包括有灵感图、服装廓形参考、服装材质参考、色彩卡等模块，可将所提到的模块都体现在同一张概念板中，也可区分模块进行灵感板展示。如果再将各个模块内容分区块放在同一张概念板中，则容易造成信息量太大、内容衔接不顺畅等问题。避免此类问题的首要任务是充分收集图片，然后反复将图片进行组合摆放，选择最适合的进行组合构图，以达到最优的效果。好的概念板并不是让款式在此步骤便一目了然，而是要引起观看者的共鸣，将其带入你要表达的情境中。案例中作者选择通过设计整体感觉和色彩概念两个板块引入设计（图11-2-2、图11-2-3）。

五、草图创作和选定

服装设计草图是设计师记录设计想法的重要手段，通常为了便于修改，一般用铅笔以速写形式记录设计的款式和细节。设计师将主题和灵感定下后可以进入到草图阶段，一般草图绘画的套数要多于最终呈现的套数，这样在定稿之前可以进行优化选择，将不理想的设计直接删除。系列童装的最佳组合状态应该是单品搭配层次丰富，系列感强，主次分明，核心元素突出并且连贯。这些标准都需要设计师不断地比较和筛选草图，并且不厌其烦地修改草图，才能达到最佳效果。

六、效果图表达

效果图的表达就是将选定的草图款式进行正稿绘画，服装效果的正稿绘画通常需要表现出模特的效果，模特的表

图11-2-4《丛林探险家》效果图（作者：翟建丽）

达可以选择现成的模板，也可以自行绘画表达，重点是模特的形象和动作要以表现服装为前提，不应过分追求模特的标新立异，如果在和服装搭配和谐的基础上对模特进行个性化处理是较好的方式。正稿的创作需要不断地重复尝试，通过重复绘画，不断改进画面的准确性和设计张力。另外，相较单一的服装呈现而言，如果能够通过配饰将服装的整体感进行烘托和补足则是不错的选择（图11-2-4）。

七、款式图的绘制

服装效果图是给观看者看效果的图纸，而服装平面款式图则是设计师与服装制板师、服装工艺师进行设计实物制作的重要参考和依据，它能够帮助服装制板师和工艺师将设计从图纸变成样衣，乃至产品，所以服装款式图必须清楚明白地交代服装的样式、结构和穿脱方式，面料及辅料的运用信息。因此服装款式图至少应该是每件单品都进行正面和背面表现，如果侧边或细节十分重要，还应该配以局部细节图和说明文字加以补充。款式图务必要结构清楚、比例准确。如果是企业生产需要的款式图，除了正反面的图纸外，还应该填写对应的工艺版单，这样才能够确保规范化的生产（图11-2-5）。

"1001夜" 2017中国"未来之星"新锐童装设计师大赛 —————————— 2017-2018童装款式图灵感流行趋势预案

图11-2-5《丛林探险家》服装款式图（作者：翟建丽）

八、模特拍照展示

如果说只是完成系列童装的案头表达，那么将款式图完成后，该过程就基本结束了，但是如果要完成作品集的制作，就需要进行到实物的制作，在制作服装实物时，设计师还会因为客观或出于主观原因进行一些细微灵活的修改和调整，最终将设计的成果通过作品拍摄加以呈现。有时候设计方案的效果图与设计实物照片的差异越小越能体现一个设计师在设计过程中的执行力和把控能力。将系列服装实物完成后，整个设计过程就完成了从平面到立体的转化，最终将设计完整且真实地呈现出来（图11-2-6）。

图11-2-6 模特展示照

第二节 系列童装设计方案展示

不同的设计师在进行设计方案创作时会有自己的设计结构和安排，就上一节所讲的设计方案制作步骤，现选择两组各具特色的系列童装设计方案展示给读者，并针对两组设计进行简要的点评。

案例一：设计师郑靖雯作品《鱼游四海》（图11-3）

设计点评：

该系列设计方案取材颇具传统色彩，从在我国传统文化中象征美好寓意的"鱼"开始，到我国贵州地区蜡染作品中"鱼"的形象，都具有深厚的文化内核，虽然选自传统元素，但又不拘泥于传统元素，在配色上大胆地加入了粉红色加以强调，服装款式则选择了非常潮流的冬季填充外套和针织衫等单品，通过丰富的服饰组合将整个系列表达得新颖又完整。

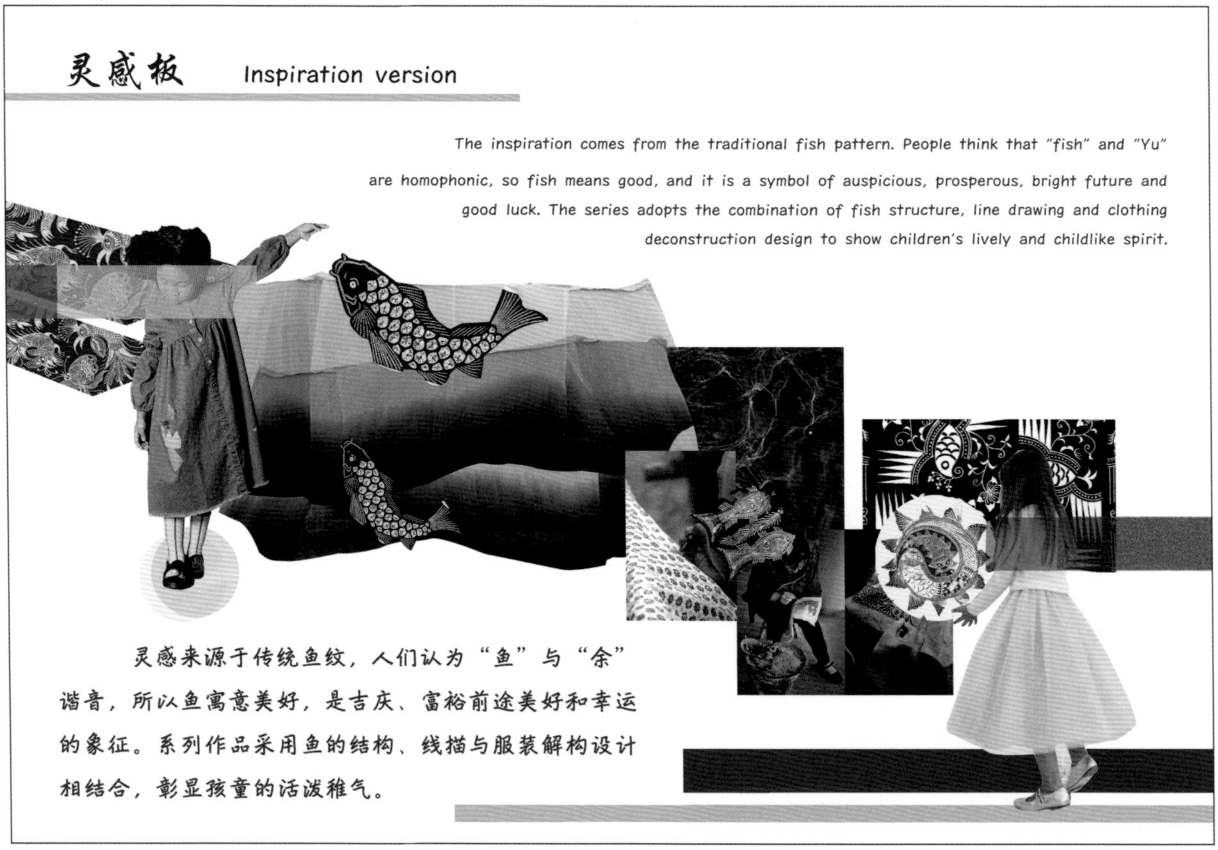

灵感板 Inspiration version

The inspiration comes from the traditional fish pattern. People think that "fish" and "Yu" are homophonic, so fish means good, and it is a symbol of auspicious, prosperous, bright future and good luck. The series adopts the combination of fish structure, line drawing and clothing deconstruction design to show children's lively and childlike spirit.

　　灵感来源于传统鱼纹，人们认为"鱼"与"余"谐音，所以鱼寓意美好，是吉庆、富裕前途美好和幸运的象征。系列作品采用鱼的结构、线描与服装解构设计相结合，彰显孩童的活泼稚气。

图11-3-1《鱼游四海》概念板

流行趋势分析
Analysis of popular trend

20|21ss冬季户外运动与休闲实用结合的服装仍为主流，松垮的廓型持续推动休闲风格的发展，呼吁市场对温暖舒适及包裹面积大的款式的需求。

20 21ss winter outdoor sports and leisure practical combination of clothing is still the mainstream, loose profile continues to promote the development of leisure style, calling for the market demand for warm and comfortable and large package area style.

图11-3-2《鱼游四海》流行趋势分析

面料及色彩 Fabric and color

面料选用防风、耐磨、柔韧的聚酯纤维面料。在该面料上进行扎染印花，外付珠光面料，营造鱼游动时通透律动的水波纹。另有柔软温暖的针织面料、牛仔、羊绒等进行组合搭配。

The fabric chooses windproof, wear-resistant, flexible polyester brazing dimension fabric. Tie-dye printing on this fabric, external payment of pearlescent fabric, to create water ripples through the movement of fish. In addition, there are soft and warm knitted fabrics, cowboys, cashmere and so on.

粉色柔和明亮似乎代表着单纯淡雅，蓝色调安静典雅、端庄严肃兼具自然与人造质感。以深浅蓝色和粉红为主的色彩来诠释质朴悠远、梦幻美好的儿童服饰。

Pink soft and bright seems to represent simple elegance, blue tone quiet and elegant, dignified and serious both natural and artificial texture. To the dark light blue and pink color to interpret the simple and distant, dreamy beautiful children's clothing.

图11-3-3《鱼游四海》面料及色彩

元素转换及设计说明 Element conversion and design instructions

This series of clothing adopts the traditional fish pattern as the inspiration source and applies the deconstructing design to divide the fish swim image into different decency, which is presented in the details and profiles of the clothing, and forms different modeling features. Blue and pink are mainly used in color to highlight the innocence of children. Fabric with polyester fiber, knitting, cashmere and so on. Fabric reconstruction to tie-dye, bead embroidery, embroidery and so on.

本系列服装采用传统鱼纹为灵感来源并应用解构设计把鱼游形象拆分为不同体面，呈现在服装细节及廓形上，形成不同的造型特征。色彩上主要使用蓝色和粉色，以凸显孩童的纯真稚嫩。面料以聚酯纤维、针织、羊绒等。面料再造以扎染、珠绣、刺绣等。

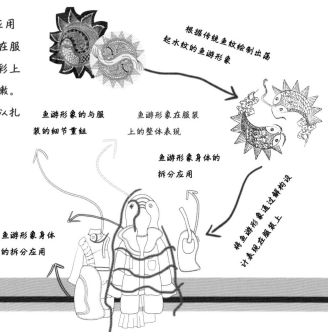

根据传统鱼纹绘制出荡起水纹的鱼游形象

鱼游形象的与服装的细节重组

鱼游形象在服装上的整体表现

鱼游形象身体的拆分应用

鱼游形象身体的拆分应用

将鱼游形象通过解构设计表现在服装上

MONDAY SATURDAY

图11-3-4《鱼游四海》元素转换及设计说明

图11-3-5《鱼游四海》效果图

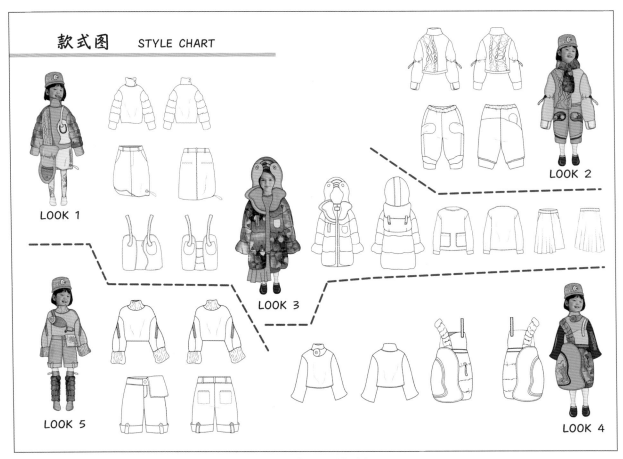

图11-3-6《鱼游四海》款式图

图11-4-1《缥缈录》概念板

图11-4-2《缥缈录》色彩提案

流行趋势:

　　纵观2019秋冬时装周流行趋势,黑色依旧是在有着不可代替的地位,2019秋冬时装周以大多以黑色为主色调,追求一种高雅、端庄、凝练的视觉效果。作为经典的百搭必备,既能轻松提升造型的时尚指数,也可不引人注意,完美融入各式造型。高亮质感的面料材质组成来源可以说十分广泛了,随之而来的便是风格百变的时尚效果,或高贵华丽或前卫个性亦或是户外前沿,不同程度的亮度效果即使出席不同的场所也极具吸睛效果。以达到硬朗与柔美的至臻平衡。

图11-4-3《缥缈录》趋势提案

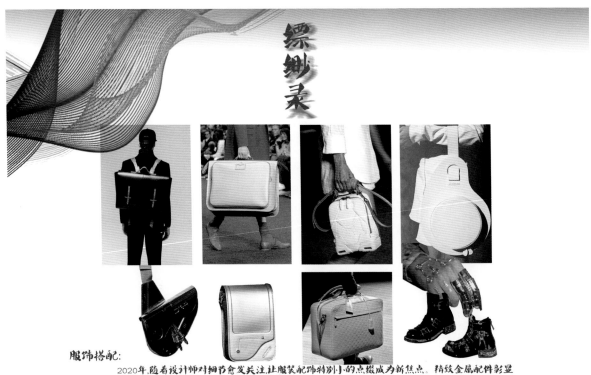

服饰搭配:

　　2020年,随着设计师对细节愈发关注,让服装配饰特别小的点缀成为新焦点。精致金属配件彰显原始奢华,为单品增添情感价值。极简利落版型搭配超大雕塑感金属配件,打造触感表面。未来科技主义版型所具有的时尚、干练、超现实特质诠释了该潮流。版型简约,但工业风金属配件和未来风展现了大都市气质。

图11-4-4《缥缈录》搭配提案

面料工艺：

　　本次童装设计的服装面料采用皮革、毛衣与pu面料相结合。皮革不易膨胀工艺独特,质量稳定,档次都不亚于头层真皮。毛衣则起到画龙点睛的作用。而Pu面料它有着质量轻、韧性很强、透气、防水、品种新颖,富有光泽,有独特丝吗感,手感滑爽,穿着舒适等特点、高雅华贵,阳光不轻意的照在上面,显的高贵典雅,让人爱不释手。

图11-4-5《缥缈录》面料工艺提案

图11-4-6《缥缈录》效果图

图11-4-7《缥缈录》款式图

设计点评：

  该系列灵感来自于高山梯田所形成的纹理，在颜色方面选择了持久流行的灰色和黑色作为主色，在服装的边沿选择用黄色加以点缀和提亮，从主题到选色都注定了要用面料的对比和形状去进行肌理的表达，整体设计流畅，黑色将男孩的酷感和帅气表达到位，设计方案完整细致。

👉 习题：

※ 结合之前所有章节所讲的知识，按照本章的要求做出一组完整的系列童装设计方案。要求童装设计不少于5套，服饰搭配完整统一。

第十二章 童装设计效果图欣赏

静若繁花

图12-1《涂鸦宝贝儿》(作者：杨航玲)

图12-2《我的童话王国》(作者：吴林艳)

图12-3《航途历险记》(作者：王彦靓)

图12-4《胡桃夹子》(作者：林婧恬)

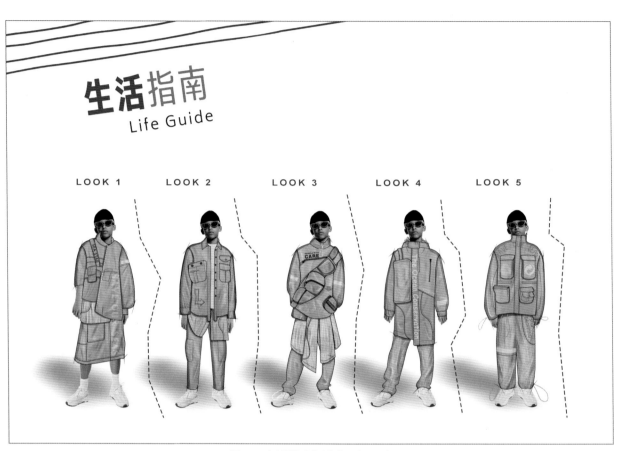

图12-5《生活指南》（作者：朱涵毅）

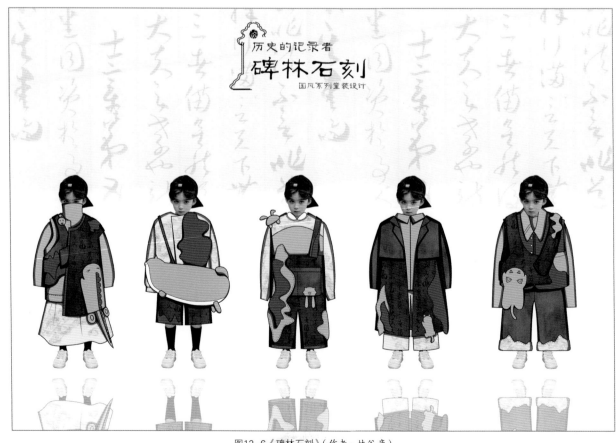

图12-6《碑林石刻》（作者：林谷彦）

图12-7《仓箱可期》(作者：游秀敏)

图12-8《奶油陷阱》(作者：黄慧铃)

未"顽"待续

图12-9《未"顽"待续》（作者：丁建平）

披星戴月 来看你

披星戴月的纳西少女是丽江古城的一道亮丽的人文风景。就像她们所穿的羊皮披肩上那七个刺绣所象征的一样，肩担日月，背负星星，此系列强调在个性化、功能性、实穿度三者之间取得平衡，面料与细节的变化是非常讲究的，强调防水、防皱、防风以及轻薄性和透气性。加强了整个系列的实用和功能性。

The Naxi maiden in full swing is a beautiful cultural landscape of Lijiang ancient city. Just like the seven embroidered discs on their sheepskin shawls, they bear the sun and the moon on their shoulders and the stars on their backs. This series emphasizes the balance between personalization, functionality and actual wear. The change of fabric and details is very exquisite, emphasizing water-proof, wrinkle proof, wind proof, lightness and air permeability. Enhance the practicality and functionality of the whole series.

图12-10《披星戴月来看你》（作者：孙怡荟）

图12-11《奇遇星际》(作者：杨琳钰)

图12-12《道所以然》(作者：汤胜男)

扎西德勒

图12-13《扎西德勒》(作者:林美龄)

图12-14《仙境》(作者：冯丽珊)

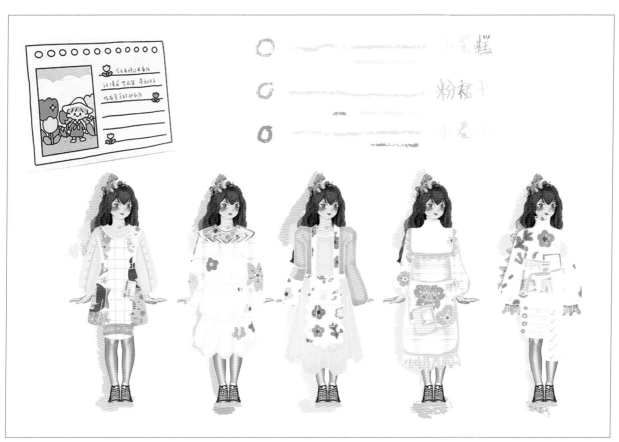

图12-15《小小孩》(作者：邬丽丽)

图12-16《齐天大圣》(作者：冯丽珊)

图12-17《熊人族》（作者：赖以立）

图12-18《话白虎》（作者：高淑云）

参考文献

[1] 常元，芮滔.男童装设计与制作[M].北京:化学工业出版社，2017.

[2] 叶淑芳，王铁众.女童装设计与制作[M].北京:化学工业出版社，2017.

[3] 田琼.童装设计新编[M].北京:中国纺织出版社，2015.

[4] 崔玉梅.童装设计[M].上海:东华大学出版社，2010.

[5] 崔玉梅，刘晓刚.服装设计4:童装设计[M].上海:东华大学出版社，2015.

[6] 李当岐.西洋服装史[M].北京:高等教育出版社，1995.

[7] 李当岐.服装学概论[M].北京:高等教育出版社，1998.

[8] 包昌法.服装学概论[M].北京：中国纺织出版社1998.

[9] 陈晓霞.奢侈品童装品牌的整合营销传播策略研究[D].北京：北京服装学院，2016.

[10] 沈从文.中国古代服饰研究[M].北京：商务印书馆，2017.

[11] 史蒂芬·费尔姆.国际时装设计基础教程[M]陈东维，译.北京：中国青年出版社，2011.

[12] 马芳，李晓英，候东昱. 童装结构设计与应用[M].北京：中国纺织出版社，2011.

[13] 涵玲莺. "巴拉巴拉" 童装品牌的扩展眼神研究[D].杭州：浙江理工大学.

[14] 许星.中国传统儿童服饰习俗的形式与内涵初探[J].苏州丝绸工学院学报，1999（12）：16-19.

[15] 储咏梅.关于童装消费市场的调查及营销策略研究[J].山东纺织经济，2005（2）：29-31.

[16] 乔南，刘红庆.试论我国童装品牌之发展[J].东华大学学报社科版，2006（2）：55-59.

[17] 柴丽芳.论18世纪末欧洲儿童服饰的历史性变革[J].装饰，2010（3）：86-87.